MIX
Papier aus verantwortungsvollen Quellen
Paper from responsible sources
FSC® C105338

Haftungsausschluss:

Die Ratschläge im Buch sind sorgfältig erwogen und geprüft. Alle Angaben in diesem Buch erfolgen ohne jegliche Gewährleistung oder Garantie seitens des Autors und des Verlags. Die Umsetzung erfolgt ausdrücklich auf eigenes Risiko. Eine Haftung des Autors bzw. des Verlags und seiner Beauftragten für Personen-, Sach- und Vermögensschäden oder sonstige Schäden, die durch die Nutzung oder Nichtnutzung der Informationen bzw. durch die Nutzung fehlerhafter und/oder unvollständiger Informationen verursacht wurden, ist ausgeschlossen. Verlag und Autor übernehmen keine Haftung für die Aktualität, Richtigkeit und Vollständigkeit der Inhalte und ebenso nicht für Druckfehler. Es kann keine juristische Verantwortung und keine Haftung in irgendeiner Form für fehlerhafte Angaben und daraus entstehende Folgen vom Verlag bzw. Autor übernommen werden.

Sollte diese Publikation Links auf Webseiten Dritter enthalten, so übernehmen wir für deren Inhalte keine Haftung, da wir uns diese nicht zu eigen machen, sondern lediglich auf deren Stand zum Zeitpunkt der Erstveröffentlichung verweisen.

Bibliografische Informationen der Deutschen Nationalbibliothek

Die Deutsche Nationalbibliothek verzeichnet diese Publikation in der Deutschen Nationalbibliografie; detaillierte bibliografische Daten sind im Internet über http://dnb.dnb.de abrufbar.

1. Auflage 2024

Projektmanagement: Melanie Krauß
Lektorat und Korrektorat: Kathrin Andreas, Markus Czeslik, Luise Hartung
Umschlaggestaltung: Verena Klöpper
Satz und Layout: Verena Klöpper
Abbildungen im Innenteil: © Duc Ha
Grafik Cover: sirisakboakaewauf Adobe Stock

ISBN Print: 978-1-960004-17-8

ISBN E-Book: 978-1-960004-18-5

www.remote-verlag.de

SKALIEREN STATT VERLIEREN

Das Geheimnis für produktives Zeitmanagement
und unerschütterliche Motivation
in deiner Selbstständigkeit

DUC HA

Remote Verlag

www.remote-verlag.de

Inhalt

Liebe Leserin, lieber Leser,

im Buch erfährst du, wie du unerschütterliche Motivation aufbauen und kontinuierlich dein Bestes in deiner Selbstständigkeit geben kannst. Trotz dessen, dass wir bereits inhaltlich sehr tief eintauchen, kratzen wir immer noch an der Oberfläche aller Möglichkeiten.

Tatsache ist, dass es 16 unterschiedliche Persönlichkeitstypen gibt, die verschiedene Mindset- und Performance-Herausforderungen haben. Das Verstehen und Weiterentwickeln deines individuellen Persönlichkeitstyps ist im Business das unerkannte Geheimnis hinter kontinuierlichem Wachstum und nachhaltigem Erfolg.

Daher möchte ich dir die Chance geben, einen Schritt weiterzugehen und herauszufinden, was dein individueller Persönlichkeitstyp ist und wie du aus ihm die maximale Performance herausholen kannst.

Dafür schenke ich dir meinen Online Kurs »Business Personalities Masterclass« mit über 10 Stunden zusätzlichem Videomaterial (statt 179 Euro):

https://forms.hunting-phoenix.de/kostenloser-kurs

Wie läuft es ab?

1. Scanne den QR-Code oder gib https://forms.hunting-phoenix.de/kostenloser-kurs in deinen Browser ein, um zum Antragsformular für einen kostenlosen Zugang zu gelangen.

2. Fülle das Formular mit deinen korrekten und vollständigen Kontaktdaten aus, damit wir dir deinen persönlichen Zugang einrichten können.

3. Nachdem du das Formular ausgefüllt hast, erhältst du eine E-Mail mit deinen Zugangsdaten und weiteren nützlichen Informationen.

Hinweis: Bitte registriere dich rechtzeitig, solange das Angebot gültig ist. Bei Problemen mit der Anmeldung wende dich bitte an info@hunting-phoenix.de.

EINLEITUNG –

Dein Weg zur profitablen und genussvollen Selbstständigkeit

Kennst du das? Du willst Einkommen produzierende Aktivitäten (kurz: EPA) anpacken, um deine Selbstständigkeit nach vorn zu bringen, aber stattdessen schiebst du auf oder lässt dich von unnötigen Dingen ablenken. Und wenn du mal produktiv arbeitest, dann schaffst du alles außer die Aufgaben, die wirklich wichtig sind - und das, obwohl in der Theorie klar ist, was die nächsten Schritte sind. Bisher ist dieses Phänomen wahrscheinlich nicht nur einmal aufgetreten, sondern immer und immer wieder. Möglicherweise sogar schon über Wochen, Monate oder Jahre hinweg. Entsprechend hast du das Gefühl, dass du mit deinem Business nicht in der Geschwindigkeit vorankommst, wie du es dir vorstellst - obwohl du weißt, dass du ein enormes Potenzial in dir hast.

Das Problem ist: Wenn es hart auf hart kommt, wirst du mit diesem Verhalten deine Rechnungen vielleicht noch so eben zahlen können. Früher oder später wirst du wahrscheinlich sogar relativ erfolgreich mit deiner Selbstständigkeit sein - aber wie sehr wirst du dann darum kämpfen müssen, dass es auch so bleibt? Wie viele schlaflose Nächte wirst du dich im Bett wälzen, weil dein Kontostand am Ende des Monats zu niedrig sein könnte, um deine Familie zu versorgen? Und wie frei bist du wirklich, wenn dein Business ein ständiges Auf und Ab wäre, statt konstant zu wachsen? Ich bin mir sicher, dass du dir deine Selbstständigkeit so nicht vorstellst. Leider ist das aber die bittere Realität von sehr vielen Menschen, die in ihrem Business unachtsam waren und zu oft die falschen Prioritäten gesetzt haben. Daher ist dieses Buch für all diejenigen geschrieben, die aus den Erfahrungen anderer Menschen lernen wollen. Mit dieser Lektüre kannst du kostspieligen oder sogar verheerenden Fallstricken entgehen, die existenziell bedrohlich sind. Und du wirst Fehler vermeiden, die bereits andere Menschen vor dir gemacht haben. Außerdem bereitest du das Fundament vor, um ...

- Prioritäten wie die Top 1 Prozent aller Unternehmer zu setzen, sodass du an einem Tag so viel schaffst wie sonst in zwei bis drei Tagen.

- unerschütterliche Motivation aufzubauen, mit der du umsatzbringende Ideen oder Aufgaben sofort anpackst, statt sie unnötig aufzuschieben.

- neben dem Business auch Familie, Hobbys und Sport unter einen Hut zu bekommen, ohne in deiner Freizeit ständig Angst haben zu müssen, dass die Umsätze einbrechen könnten.

- dich zu fokussieren und eine beispiellose Disziplin zu entwickeln, sodass du alles zu Ende bringst, was du angefangen oder dir vorgenommen hast.

- ineffiziente Prozesse oder unnötige Zeitfresser zu beseitigen, die zu stressigen 60- oder 80-Stunden-Wochen in deiner Selbstständigkeit führen.

- Druck und Stress loszuwerden, die durch Konkurrenz, Marktschwankungen, Kundenprojekte, steigende Kosten oder Verpflichtungen entstehen.

Unterm Strich kannst du mit diesem Buch zu einem waschechten Outperformer werden. Das bedeutet, dass du zu einer Persönlichkeit wirst, die laufend ihre persönlichen oder unternehmerischen Ziele übertrifft und gleichzeitig ein genussvolles und erfülltes Leben führt, von dem alle träumen. Natürlich nur, wenn du dieses Buch liest und alles umsetzt, was ich dir mitgebe.

Was ist mein Hintergrund, weswegen ich überhaupt über all das schreiben kann?

Meine Kunden sagen zu mir, dass ich für sie kein Coach, Berater oder Trainer bin, sondern vielmehr ein Mentor. Tatsächlich war das aber nicht immer so: Im Jahr 2017 hatte mein sechsjähriger Bruder auf dem Rückweg von der Schule einen schweren Autounfall. Meine Mutter, geschwächt von Krankheit und Fieberträumen, ließ ihn allein nach Hause laufen. Normalerweise war das auch kein Problem, denn der Weg zu uns nach Hause ist übersichtlich und es gibt nur zwei kaum befahrene Straßen, die zu überqueren sind. Doch bei der Überquerung einer Straße wurde mein Bruder von einem Auto erfasst.

Wir waren umgeben von der sterilen Kälte des Krankenhauses, und es war unklar, ob mein Bruder überleben würde. Jeder Herzschlag, jedes leise Piepen der Maschinen war ein Ausdruck des Hoffens und Bangens. Die Tage und Wochen nach dem Unfall wurde meine Mutter von Schuldgefühlen geplagt, obwohl sie nichts dafürkonnte. Sie warf sich ständig vor, dass sie meinen Bruder lieber hätte abholen sollen. Die Last des Geschehens manifestierte sich bei ihr in psychosomatischen Symptomen. Eines Tages kam sie zu mir, zittrig und mit blassem Gesicht, und sagte: »Duc, wenn ich in den nächsten Jahren sterben sollte, dann versprich mir bitte, dass du dich um deine Geschwister kümmerst.« Dieser Satz wog schwer wie Blei und traf mich mitten ins Herz.

Ich bin der Älteste und habe drei jüngere Geschwister. Damals studierte ich noch Informatik und wusste nicht, wie ich diese enorme Verantwortung stemmen sollte. Doch im Leben stehen wir immer wieder vor Herausforderungen und müssen eine Entscheidung treffen: Entweder lassen wir uns davon verunsichern oder uns von ihnen ermächtigen. Ich stellte mir also die Frage: »Wie kann ich so viel Geld verdienen, um meiner Familie und mir ein schönes Leben zu ermöglichen? Und wie kann ich meinem Vater und meiner Mutter dafür etwas zurückgeben, was sie für mich alles getan haben?« Das war der Beginn meiner unternehmerischen Reise. Der Punkt, an dem ich mein altes Ich loslassen durfte, um eine neue und bessere Version von mir zu erschaffen - wie ein Phönix aus der Asche. Ich begann, im Internet nach Möglichkeiten zu suchen, wie ich online Geld verdienen konnte, und probierte zahlreiche Businessmodelle aus: Fulfillment by Amazon, Kindle Direct Publishing, Dropshipping oder auch Affiliate Marketing und viele mehr. Letztlich entschied ich mich dazu, eine Marketingagentur zu gründen mit dem Fokus auf Funnel Building und Copywriting. Hier habe ich im Laufe der Zeit mehrere siebenstellige E-Commerce- oder Consulting-Unternehmen aufgebaut, wie zum Beispiel Nomad Publishing oder unzählige andere Referenzen, die online transparent zu finden sind.

In 2020 verdiente ich mit 23 Jahren als Solo-Selbstständiger bereits fünfstellig im Monat. Ich habe Vertriebsteams ausgebildet, die in den ersten Jahren über zehn Millionen in Sales gemacht haben. Dadurch konnte ich meiner Familie finanzielle Stabilität ermöglichen, meinen Eltern etwas zurückgeben und mir eine 140 m² große, wunderschöne Maisonette-Wohnung in einem modernen Bonzenviertel gönnen. Und das Beste? Mein Bruder erholte sich im Laufe der Jahre von den vielen Knochenbrüchen und Operationen, und auch meiner Mutter ging es mit der Zeit immer besser. Doch trotz all dieser Erfolge wurde ich immer unglücklicher. Mein Business, ursprünglich nur Mittel zum Zweck, begann, mich zu erdrücken. Nach unzähligen 80- bis 100-Stunden-Wochen fragte ich mich: »Und nun? Was ist der Sinn von all dem?« Meine ursprünglichen Ziele hatte ich erreicht, doch plötzlich fehlte mir die Ausrichtung, die Leidenschaft. Onlinemarketing war nur als Unterstützung meiner Familie und als Start in die Selbstständigkeit gedacht.

Nach mehreren Diskussionen über den Sinn des Lebens und zahlreichen emotionalen Momenten ist jedoch etwas Spannendes passiert: Einer meiner Geschäftspartner empfahl mich weiter an einen Bekannten. Die Person hatte von mir gehört, dass ich mich sehr für die Psychologie des Menschen begeistere und immer wieder hobbymäßig in meinem Netzwerk für spannende »Mindset-Durchbrüche« sorge. In einem Telefonat meinte er zu mir: »Duc, ich will, dass du mich coachst. Jedoch zahle ich dir dafür was.« Da fiel mir die Kinnlade runter und ich dachte: »Damit kann ich Geld verdienen und meine Neugierde für menschliche Psychologie befriedigen?« Nach ein paar skeptischen Rückfragen meinerseits und einer langen Liste mit persönlichen Herausforderungen seinerseits einigten wir uns auf ein Honorar von 3.000 Euro. Damals wusste ich es nicht, aber dieses Honorar war der Startschuss für einen völlig neuen Lebensabschnitt. Es war der Beginn einer Reise, die mich nicht nur beruflich, sondern auch persönlich in ungeahnte Höhen führen sollte.

Meine Begeisterung für die Psychologie, die schon immer leise in mir flüsterte, wurde nun zu einem lauten, kraftvollen Ruf. Ich begann, mich noch intensiver und wissenschaftlich fundierter mit Themen wie Persönlichkeitsentwicklung, Leadership und dem Geheimnis des menschlichen Potenzials zu beschäftigen. Jede Coaching-Session, jedes Gespräch mit einem Klienten wurde zu einer wertvollen Lektion, einem Mosaikstein auf meinem Weg zu wahrer Erfüllung und Sinnhaftigkeit. Diese Arbeit gab mir nicht nur die Möglichkeit, anderen zu helfen und ihr Leben zum Positiven zu verändern, sondern sie erlaubte mir auch, tiefer in mein eigenes Selbst einzutauchen. Ich lernte, meine eigenen Grenzen zu erkennen und zu erweitern, mich mit meinen Ängsten zu konfrontieren und über mich hinauszuwachsen. Jeder Schritt, den ich auf diesem Weg gegangen war, führte weg von der Unzufriedenheit und Hektik meines früheren Lebens hin zu einem tieferen Verständnis von mir selbst und dem, was wirklich im Leben zählt.

Mir war in dem Augenblick nicht klar, dass es manchmal nur einen entscheidenden Moment braucht, um eine Leidenschaft zu finden, die dein Leben verändern kann. Dieser Moment war der Auslöser für meine jetzige Tätigkeit als Business Performance Trainer und auch der Grund, warum ich dieses Buch geschrieben und unsere Coachings ins Leben gerufen habe. Damit erfolgshungrige Menschen wie du wilde Impulse und Momente mitbekommen, die das Potenzial haben, dein Leben zu verändern. Für immer.

Doch wozu erzähle ich dir das alles? Nicht um anzugeben, sondern um dir zu zeigen, dass du in den schwierigsten Momenten deines Lebens niemals aufgeben darfst, sondern immer weitermachen musst. Weil wir aus Herausforderungen immer etwas Wichtiges lernen können, lautet eines meiner Lebensprinzipien: »Alle Dinge, die im ersten Augenblick negativ erscheinen, sind rückblickend immer positiv.« Es ist die Erfahrung, die uns zukünftig bessere Entscheidungen treffen lässt, oder eine bestimmte Fähigkeit, die sich aus der Situation heraus entwickelt. Außerdem soll dir meine Geschichte zu Beginn unserer gemeinsamen Reise noch eine weitere Erkenntnis vermitteln: Wenn du zu den ambitionierten Menschen zählst, die dieses Buch lesen, wirst du wahrscheinlich ein Business aufbauen wollen, das dir zeitliche, örtliche und finanzielle Freiheit ermöglicht, oder eines, das einen gesellschaftlichen Impact ausübt. Hierzu zählt auch, dass du ...

> ... jederzeit in den Flieger steigen kannst, um einen Urlaub in den Bergen, am Strand oder in den exotischsten Städten zu machen, wenn du dich gestresst fühlst.
>
> ... nie wieder auf Preisschilder im Restaurant, Supermarkt oder bei Bestellungen zu schauen brauchst, weil du sparen musst.
>
> ... deinen Eltern etwas zurückgeben und deiner Familie finanzielle Stabilität ermöglichen kannst, im Gegenzug für alles, was sie für dich getan haben.
>
> ... dich nie wieder von Monatsgehalt zu Monatsgehalt hangeln musst, sondern ein zuverlässiges und stetig wachsendes Einkommen hast.
>
> ... sogar hochwertige Klamotten und Luxusartikel kaufen kannst, wenn so etwas dich begeistert und du herausfinden willst, was sonst im Leben möglich ist.
>
> ... du die Freiheit hast, dich uneingeschränkt zum Ausdruck zu bringen und zu machen, was das Leben für dich bereithält.

Das klingt zu schön, um wahr zu sein? Nein, es gibt immer wieder Menschen, die beweisen, dass solche Standards möglich sind - und ich bin einer von ihnen.

Im Hinblick auf das Erreichen solcher Ziele gibt es aber ein verstecktes Problem. Das ist auch der Grund, warum Statistiken immer wieder zeigen, dass neun von zehn Selbstständigen scheitern. Und zwar, dass all diese Ziele unmöglich zu erreichen sind, wenn du zu langsam im Business vorankommst oder dir unbemerkt selbst im Weg stehst. Dafür gibt es plausible Gründe: Die Märkte entwickeln sich rasant weiter. Die Bedürfnisse der Menschen wandeln sich. Die Technologien machen riesige Sprünge. Hast du eine zu langsame Speed of Execution (= Geschwindigkeit zur Umsetzung von Ideen), dann verpasst du auf dem Markt den Anschluss und wirst irrelevant. Im schlimmsten Fall wirst du von einem Mitbewerber verdrängt, der nicht einmal qualitativ besser, sondern lediglich angepasster an die Marktbedingungen ist.

In den letzten Jahren durfte ich hautnah miterleben, wie unzählige Menschen ihre Selbstständigkeit aufgeben mussten, weil genau das passiert ist: Momente, in denen Leute sich zu lange den Kopf über mögliche Konsequenzen zerbrochen oder aufgeschoben haben, statt einfach zu machen. Positionierungen, Nischen oder Produktideen, die von Konkurrenten weggeschnappt wurden, weil man sie selbst zu lange analysiert oder hinterfragt hat. Unzählige Projekte, die zwar angefangen, aber nie zu Ende gebracht wurden. Und wozu das alles? Für nichts außer Kopfschmerzen und leere Konten! Erfolg muss nicht wehtun, aber die meisten Menschen machen sich das Leben unnötig schwer.

Das hat mit diesem Buch jetzt ein Ende! Dieses Buch ist die Vernichtung von jeglichem Bullsh*t im Bereich Business Performance, Mindset und Zeitmanagement als Selbstständiger. Hier erhältst du einen systematischen Ansatz zur Steigerung der Produktivität und Fokussierung in einem unternehmerischen Kontext, sodass du mit Leichtigkeit all deine Ziele erreichen kannst. Dabei geht es nicht darum, dass du in einen »Burn-out-Hustle-Modus« kommst, in dem du 10, 12 oder 16 Stunden pro Tag schuften musst - und das an sieben Tagen die Woche. Es geht darum, mit weniger Zeitaufwand mehr zu schaffen - bei einer ständig steigenden Lebensqualität. Dieses Buch soll dich in deinem Alltag begleiten. Unabhängig davon, ob du noch von der Idee einer erfolgreichen Selbstständigkeit träumst oder bereits ein gut laufendes Unternehmen hast und noch mehr aus dir und deinem Business herausholen möchtest.

Ich wünsche dir viel Freude beim Lesen! Falls du Fragen oder Erkenntnisse haben solltest, dann schreib mir gern eine E-Mail an duc@hunting-phoenix.de oder direkt auf Instagram unter @duchaofficial. Ich beantworte alle Nachrichten persönlich. Ich freue mich schon, von dir zu lesen!

INSTAGRAM

instagram.com/duchaofficial

YOUTUBE

www.youtube.com/DucHaBusiness

KAPITEL I –

Du bist deine größte Herausforderung

Der häufigste Fehler, warum du im Business noch nicht in der Geschwindigkeit vorankommst, wie du willst

In meiner unternehmerischen Laufbahn, die von Höhen und Tiefen geprägt war, stand ich oft vor Herausforderungen, die mich zutiefst berührten. Ich hatte das Gefühl, zu langsam zu sein und nicht in dem Tempo voranzukommen, wie ich es mir vorgestellt hatte. Stets empfand ich es so, dass ich trotz meiner Anstrengungen und langen Arbeitstage hinter meinen eigenen Erwartungen zurückblieb. Das führte zu Frustration und Enttäuschung, sodass ich mein wahres Potenzial nicht vollständig entfalten konnte. Es war, als würde ich unaufhörlich gegen eine unsichtbare Mauer rennen, die mich von meinen Zielen trennte.

Jeder Fehler, jedes Hindernis wirkte in diesem Zustand wie ein unüberwindbarer Berg. Ich war in einem Netz aus Plänen und Strategien gefangen, die ich von meinen Mentoren übernommen hatte. Mir waren auch die Schritte klar, die ich unternehmen musste, um meine nächsten Ziele zu erreichen. Ich verstand die Notwendigkeit, mich auf die einkommensschaffenden Aktivitäten zu konzentrieren, anstatt mich von Kleinigkeiten ablenken zu lassen. Aber genau das geschah: Ich verlor mich in einem Meer von Aufgaben und verstrickte mich in Nebensächlichkeiten. Und in den Momenten, in denen die Last des Aufgabenberges zu schwer wurde, flüchtete ich mich in Ablenkungen, spielte am Smartphone oder verlor mich in der Welt von YouTube, anstatt entschlossen nach Lösungen für meine Probleme zu suchen.

Hineingerissen in diesen Strudel der Aufgaben und Ablenkungen, erkannte ich langsam, dass es einen fundamentalen Unterschied zwischen strategischen und persönlichen Störfaktoren gibt. Das war ein Wendepunkt auf meiner Reise bzw. eine Offenbarung, die mein Verständnis von Fortschritt und Erfolg grundlegend veränderte.

Strategische Störfaktoren sind jene Hürden, die sich um die Frage drehen: »Mit welchen Fähigkeiten muss ich welche Schritte in welcher Reihenfolge gehen?« Es handelt sich also um das »Was« und »Wie« zur Erreichung meiner Ziele. Hierbei stellte ich interessanterweise fest, dass es oft nicht der Mangel an Wissen über diese Schritte war, der mich aufhielt. In der Tat hatte ich durch konstantes Konsumieren von Büchern, Business Coachings oder YouTube meist eine klare Vorstellung davon, was zu tun war. Doch dieser Überschuss an Informationen führte paradoxerweise nicht immer zu konkreten Handlungen.

Dann gab es noch die persönlichen Störfaktoren, die viel tiefer in meinem Inneren verankert waren. Sie kreisten um die Fragen: »Was hält mich davon ab, diese Schritte zu gehen?«, »Wie schnell kann ich die Schritte umsetzen?« und »Wie fühle ich mich dabei?«. Diese Fragen waren schwieriger zu beantworten, da sie mich zwangen, in den Spiegel meiner Seele zu blicken. Es ging hier nicht um das Fehlen von Plänen, Strategien oder Wissen, sondern um das Ringen mit meinen eigenen Ängsten, Bedenken und Unsicherheiten. War ich wirklich bereit, den nächsten Schritt zu wagen? War ich stark genug, die Herausforderung zu meistern?

Je länger ich mich auf meiner unternehmerischen Reise befand, desto klarer wurde mir der wahre Grund, warum ich nicht vorankam. Es lag nicht immer an meinen Plänen oder Strategien, sondern letztlich war ich selbst mein größtes Problem - und glücklicherweise auch meine einzige Lösung. Das war eine tiefgreifende Erkenntnis, die mich emotional berührte und mir jedes Mal, wenn ich daran denke, Gänsehaut verschafft. Sie brachte mich dazu, meine innere Welt genauso sorgfältig zu erkunden wie meine geschäftlichen Unternehmungen. Ich lernte, dass ich, um wirklich erfolgreich zu sein, nicht nur die äußeren Hindernisse überwinden, sondern auch die inneren Konflikte lösen musste. In diesem Prozess entdeckte ich, dass die größte Kraft zur Veränderung und zum Wachstum aus meinem Innersten kam - aus dem Herzen meiner authentischen Persönlichkeit.

Das Problem war aber, dass mir nun die Klarheit fehlte, wie ich diese inneren Konflikte lösen konnte. Diese Lasten, die ich mein Leben lang mit mir herumtrug, hätte ich schon längst ablegen können, wenn ich nur gewusst hätte, wie.

In diesem Moment der Einsicht verstand ich, dass ich allein nicht alle Antworten finden konnte. Ich brauchte Führung, Unterstützung und Weisheit von denen, die diesen Weg, den ich beschreiten wollte, schon gegangen waren. Es war ein Akt der Demut und des Mutes zugleich, Hilfe zu suchen und anzunehmen. Jedoch schenkte mir einer meiner Leitsätze besonders viel Kraft und Geduld: »Die richtigen Mentoren zeigen sich, wenn du bereit dafür bist. Und wenn der richtige Mensch in dein Leben kommt, dann wirst du das spüren.«

Die Dankbarkeit, die ich empfand, als ich im Laufe der Zeit diese Hilfe fand, ist kaum in Worte zu fassen. Meine Mentoren öffneten mir die Augen für neue Perspektiven, halfen mir, meine inneren Blockaden zu erkennen und zu überwinden. Sie lehrten mich, dass das Wissen, wie man innere Konflikte löst, oft in der Tiefe unseres eigenen Bewusstseins vergraben liegt und nur mit geduldiger Anleitung hervorgebracht werden kann. Die wertvollsten Erkenntnisse diesbezüglich werde ich dir noch im Laufe dieses Buches mitgeben. Denn ich bin überzeugt, dass jeder von uns eine ungenutzte Kraft in sich trägt, die nur darauf wartet, entdeckt und entfaltet zu werden.

Wie du zur unaufhaltbaren Umsetzungsmaschine wirst und alles schaffst, was du dir vornimmst

Du entdeckst auf Facebook, Instagram oder TikTok immer wieder Menschen, die scheinbar mühelos erfolgreich werden. Irgendwie schaffen diese Menschen es, einen Meilenstein nach dem nächsten in ihrer Selbstständigkeit zu erreichen, während andere sich abstrampeln müssen, um sich mit ihrem Business überhaupt über Wasser zu halten. Ich habe mich oft gefragt, was das Geheimnis von solchen »High Performern« ist. Die Antwort, die ich im Laufe der Zeit gefunden habe, ist verblüffend einfach und doch so schwer umzusetzen. Denn rein objektiv betrachtet leben wir alle unter demselben Himmelszelt, gebunden an die Gesetze der Physik, mit den gleichen 24 Stunden pro Tag. Jeder von uns kocht mit normalem Wasser und hat Zugang zu schier unendlich viel Wissen im Internet. Und wenn du in Deutschland, Österreich oder der Schweiz lebst, hast du wirklich gute Startbedingungen, um ein erfolgreiches Unternehmen aufzubauen. Selbst dann, wenn du nur über ein sehr bescheidenes Startkapital verfügst. Aber warum werden manche Menschen schneller erfolgreich als andere?

Das Geheimnis liegt in der Denkweise. Lass mich das mit einem einfachen Beispiel erklären: Denk an normale Angestellte. Ihr Berufsleben dreht sich darum, Anweisungen zu befolgen und Aufgaben oder Projekte fristgerecht abzuarbeiten. Ein Selbstständiger hingegen muss sich eigenverantwortlich fragen: »Welche Aufgaben muss ich noch erledigen, um über die Runden oder meinem Ziel näher zu kommen?«, während ein Unternehmer sich eher die Frage stellt: »Wen kann ich finden, der diese Aufgaben und Projekte für mich umsetzt?«. Das bringt ihm mehr Zeit, um strategisch am Unternehmen zu arbeiten, anstatt sich in den operativen Prozessen zu verlieren. Das heißt, dass Angestellte ganz anders denken müssen als Selbstständige oder ein Unternehmer, um ihre Rolle zu erfüllen.

Je nachdem, in welcher Rolle du dich langfristig wiederfinden möchtest, musst du entsprechend lernen, deine Denkweise entsprechend zu verändern. Hier fällt mir immer wieder das Zitat von Albert Einstein ein: »Die Definition von Wahnsinn ist, immer wieder das Gleiche zu tun [oder zu denken] und andere Ergebnisse zu erwarten«. Erfolg auf allen Ebenen ist also nicht nur eine Frage des Tuns, sondern auch des Denkens. Umdenken, neu denken, weiterdenken und dann umsetzen - das ist der Schlüssel zum Erfolg.

Doch wie nutzt du jetzt diese Erkenntnis, um selbst zu einer Umsetzungsmaschine zu werden?

Es ist ganz einfach! Du verstehst jetzt, dass die Art und Weise, wie man denkt, den Unterschied zwischen erfolgreichen und weniger erfolgreichen Menschen ausmacht oder zwischen denen, die in ihrem Business schneller oder langsamer vorankommen. Das heißt, dass die Situation, in der du dich mit all deinen Erfolgen und Misserfolgen befindest, 100 Prozent selbst herbeigeführt ist - auch, wenn sie dir nicht gefällt. Der Grund dafür ist, dass deine Gedanken deine Gefühle beeinflussen. Wenn du zum Beispiel ständig denkst, dass du ein Versager bist, dann wirst du dich auch so fühlen.

Meinst du, dass du mit solchen negativen Gefühlen umsetzungsstark und souverän sein wirst? Nein, ganz im Gegenteil! Du wirst dich eher klein und inkompetent fühlen. Das bedeutet, dass die Qualität deiner Gefühle dafür sorgt, ob du schneller oder langsamer bist oder bessere oder schlechtere Entscheidungen triffst. Diese Entscheidungen wirken sich wiederum auf deine Handlungen und Ergebnisse aus, die du wahrnehmen und messen kannst. Diese gerade beschriebene »Auswirkungskette« kann auch so dargestellt werden:

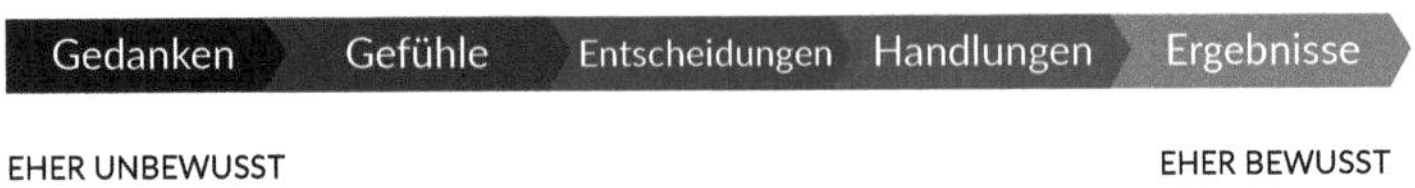

Hierbei ist zu beachten, dass sich die meisten Menschen ihrer Gedanken und Gefühle nicht wirklich bewusst sind, sondern diese eher unbewusst wahrgenommen werden. Im Gegensatz dazu sind uns unsere Handlungen und deren Ergebnisse in unserem Leben bewusster und daher leichter messbar.

Beispiele für messbare Ergebnisse in deinem Leben:

- Hast du 10.000 Euro auf deinem Konto oder sogar 100.000 Euro Schulden, dann ist das ein messbares Ergebnis. Hierfür hast du in der Vergangenheit verschiedene Bedingungen erfüllt, die genau dazu geführt haben.

- Dein monatliches Einkommen zählt auch als messbares Ergebnis und je nachdem, welche Handlungen du in deiner Selbstständigkeit unternommen hast, ist dieses höher oder niedriger.

- Auch dein Beziehungsstatus ist ein messbares Ergebnis - egal, ob du Single, in einer Partnerschaft oder verheiratet bist.

- Aber auch Prokrastination, Ablenkbarkeit oder Perfektionismus sind messbare Ergebnisse.

Möchtest du also im Business schneller vorankommen und zu einer Umsetzungsmaschine werden, dann müssen wir jene hinderlichen Gedanken oder Überzeugungen ausfindig machen, die bisher für Ergebnisse in deinem Leben gesorgt haben, mit denen du unzufrieden bist.

Und wie kannst du nun hinderliche Gedanken oder Überzeugungen ausfindig machen, die dich bisher unbemerkt ausbremsen?

Diese Frage stellte ich mir, als ich zum ersten Mal erkannte, dass meine Gedanken einen großen Einfluss auf mein Leben und insbesondere auf meine Leistungsfähigkeit im Business haben. Jedoch fiel es mir anfangs etwas schwer, eine klare und passende Antwort zu finden, da mir meine Gedankenwelt bisher zu abstrakt und nicht greifbar zu sein schien.

Ich vergleiche das immer sehr gern mit dem Thema Sport: Wenn du ins Fitnessstudio gehst, dann ist das meistens etwas Greifbares und Messbares. Du bist zum Beispiel auf dem Laufband, stemmst deine Gewichte oder machst deine Bauchübungen. Das heißt, du kannst etwas wortwörtlich anpacken und siehst mit etwas Geduld auch erste Resultate. Doch wenn es um die mentale Fitness geht, dann haben uns das Bildungssystem und unsere Schulen nie gelehrt, wie wir unsere Gedanken und Gefühle richtig steuern können, um uns ein Leben in Freiheit, Wohlstand und Zufriedenheit zu erschaffen. Und das spiegelt unsere Gesellschaft auch wider: Die Statistiken des

Deutschland-Barometers Depression der Stiftung Deutsche Depressionshilfe zeigen, dass im Jahr 2023 jeder vierte Bundesbürger sich sehr einsam fühlt, unabhängig von der Anzahl der Sozialkontakte. Bei Menschen mit Depression empfindet jeder Zweite große Einsamkeit.

Die Ursachen dafür sind offensichtlich der Tatsache geschuldet, dass wir keinen Umgang mit belastenden Gedanken und Gefühlen erlernt haben. Und das ist der Grund, warum ich mir im Laufe der letzten Jahre zur Aufgabe gemacht habe, mentale Fitness greifbar und messbar zu machen. Dabei habe ich über 1.500 Coaching-Sessions mit Selbstständigen und Unternehmern veranstalten müssen, um zu verstehen, welche Denkmuster es gibt und wie wir sie systematisch durchbrechen können. Erst dann ist ein genussvoll produktives Leben in Freiheit und Selbstbestimmung möglich. Doch jetzt zurück zur Frage: »Wie kannst du nun hinderliche Gedanken oder Überzeugungen ausfindig machen?« Hierzu müssen wir uns zwei fundamentale Annahmen genauer anschauen:

1. Annahme - Deine Ergebnisse lügen niemals!

Ich habe dir auf den letzten Seiten erklärt, wie Gedanken und Gefühle zu unseren messbaren Ergebnissen führen:

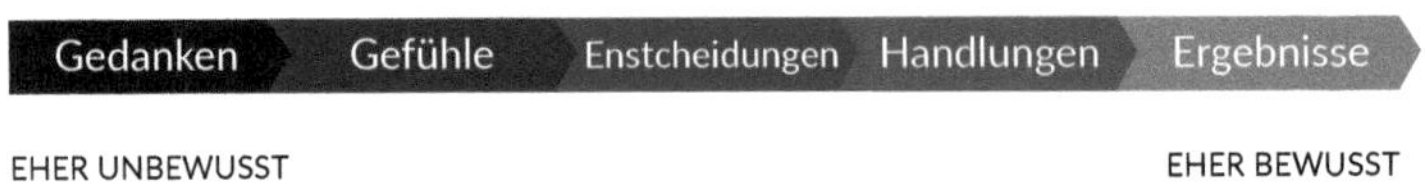

Möchtest du jetzt etwas an deinen messbaren Ergebnissen zum Positiven verändern, dann musst du sie dir mit einer radikalen Ehrlichkeit anschauen - auch, wenn sie dir auf den ersten Blick vielleicht nicht gefallen. Wir Menschen neigen dazu, unsere Situation besser darzustellen, als sie wirklich ist, um uns vor der Realität zu schützen. Aber wenn wir nicht lernen, radikal ehrlich mit uns zu sein, dann werden wir immer nur in einer Fantasiewelt und unter unserem Potenzial leben.

Und wie schaffst du es jetzt, radikal ehrlich zu sein?

Meine Lieblingsroutine, um mich regelmäßig selbst zu reflektieren, ist, mich hinzusetzen und darüber nachzudenken: »Was belastet oder stört mich gerade am meisten?« Danach schreibe ich alles ungefiltert auf ein leeres Blatt Papier, was mir durch den Kopf geht. Dabei musst du noch gar nicht herausfinden, wie all deine unglücklichen Ergebnisse zustande gekommen sind, sondern du musst erst mal nur schriftlich festhalten, was überhaupt die Probleme sind. So erlangst du Klarheit über alle Dinge, an denen du arbeiten willst, und kannst besser einordnen, welche Themen für dich zu diesem Zeitpunkt die höchste Priorität haben.

Beispiele zur Verdeutlichung von radikaler Ehrlichkeit:

- **Du bist unzufrieden mit deiner Fitness und deinem Körper:** Wie viel wiegst du wirklich und wie hast du das Gewicht erreicht? Bewegst du dich ausreichend oder sitzt du überwiegend am Schreibtisch? Gibst du deinem Körper das, was er braucht, oder isst du meistens ungesunde Sachen? Und was hält dich davon ab, an deiner Fitness und deinem Körper zu arbeiten?

- **Du hast ständig Geldsorgen:** Gibst du mehr aus, als du einnimmst? Investierst du in Dinge, die auf deinem Level gar nicht notwendig sind? Bildest du dich regelmäßig finanziell weiter? Kontrollierst du deine Einnahmen und Ausgaben tatsächlich oder machst du alles nach Gefühl? Unternimmst du die richtigen Tätigkeiten, um dein Einkommen zu vervielfachen?

- **Du bist frustriert über deinen Fortschritt im Business:** Bringst du Dinge, die du begonnen hast, zu Ende oder springst du oft von Projekt zu Projekt? Fokussierst du dich auf die wichtigsten Projekte oder laufen mehrere Sachen parallel, was dich ausbremst? Nutzt du deine Arbeitszeit produktiv oder hast du eher das Gefühl, dass du die Arbeit vor dir herschiebst?

Diese Beispiele sollen dir aufzeigen, wie du an diese Selbstreflexionsübung herangehen kannst. Beachte unbedingt, dass du wirklich zu 100 Prozent radikal ehrlich bist und im ersten Schritt ungefiltert aufschreibst, was in deinem Bewusstsein auftaucht - auch, wenn das, was du schreibst, dir nicht gefällt. Wenn du kein Bewusstsein darüber hast, was dich belastet oder stört, kannst du auch nichts in deinem Leben verändern.

Falls du noch die Extrameile gehen möchtest, kannst du im nächsten Schritt auch alle Lebensbereiche separat anschauen und überlegen, was dich dort jeweils belastet oder stört. Im Folgenden habe ich dir einmal die wichtigsten Lebensbereiche aufgelistet, die du zusätzlich zur Selbstreflexion heranziehen kannst. Hierbei ist es wichtig, dass du schaust, welche Lebensbereiche für dich momentan die höchste Priorität haben. Konzentriere dich zunächst auf diese, um dich nicht selbst zu überfordern:

1. **Gesundheit und Wohlbefinden:** Das beinhaltet körperliche Gesundheit, Ernährung, Bewegung, geistige Gesundheit und allgemeines Wohlbefinden.

2. **Beruf und Karriere:** Überlegungen zur beruflichen bzw. unternehmerischen Entwicklung, Arbeitszufriedenheit, zu Ambitionen und beruflichen Zielen.

3. **Finanzen und Wirtschaftlichkeit:** Umgang mit Geld, finanzielle Ziele, Ausgabengewohnheiten, Spar- und Investitionsstrategien.

4. **Persönliche Entwicklung und Bildung:** Selbstwachstum, Bildungsziele, Entwicklung von Fähigkeiten, Hobbys und Interessen.

5. **Familie und Beziehungen:** Beziehung zur Familie, zu Partnern, Kindern und wichtigen Personen in deinem Leben.

6. **Soziales Leben und Freundschaften:** Soziale Interaktionen, Freundschaften, gesellschaftliche Aktivitäten und Netzwerkbildung.

7. **Freizeit und Erholung:** Freizeitgestaltung, Hobbys, Reisen, Entspannung und Erholung.

8. **Emotionale Gesundheit und Wohlbefinden:** Umgang mit Emotionen, Stressmanagement, Resilienz und emotionales Gleichgewicht.

9. **Spiritualität und persönliche Werte:** Spirituelle Praktiken, Glaubenssysteme, persönliche Werte und Ethik.

10. **Physische Umgebung und Wohnsituation:** Wohnsituation, Lebensraum, Umgebung und wie diese auf dich wirken.

Kleiner Tipp: Formuliere für jeden Lebensbereich spezifische Fragen, die dich dazu anregen, eingehender zu reflektieren und ehrliche Antworten zu geben. Zum Beispiel im Lebensbereich:

- Gesundheit: Vernachlässige ich Aspekte meiner körperlichen oder geistigen Gesundheit?
- Finanzen: Lebe ich über meine Verhältnisse oder habe ich meine Ausgaben im Blick?

Damit bereitest du das Fundament für deine nächsten Schritte vor, die wir im weiteren Verlauf des Buches besprechen werden.

Und was bringt dir das jetzt?

Es gibt ein Prinzip, das besagt: »Wie im Außen so im Innen«. Das bedeutet, dass alle deine messbaren Ergebnisse im Außen dir ungefiltert widerspiegeln, was in deinem Inneren vorgeht. Deine äußeren Ergebnisse oder Umstände sind also ein direktes Abbild deiner inneren Überzeugungen, Gewohnheiten und Verhaltensweisen. Indem du anfängst, radikale Ehrlichkeit als Werkzeug zu benutzen, um deine unbewussten Gedanken und Gefühle zu erkennen, unternimmst du den ersten Schritt, um deine Situation zu verändern. Du erkennst, dass du die Macht hast, die Realität zu verändern, indem du bei dir selbst beginnst.

Durch diese Art der Selbstreflexion beginnst du, Muster in deinen Gedanken und Verhaltensweisen zu identifizieren, die zu deinen aktuellen Ergebnissen führen. Vielleicht entdeckst du, dass du dich durch negative Selbstgespräche selbst limitierst oder dass du bestimmte notwendige Schritte aus Angst oder Unsicherheit vermeidest. Indem du diese Muster erkennst, kannst du bewusst beginnen, sie zu ändern. Das führt uns jetzt zur zweiten Annahme, die genau darauf aufbaut.

2. Annahme – Hinter allem steckt eine unbewusste Absicht

Nachdem du alle messbaren Ergebnisse festgehalten hast, die für dich zurzeit eine hohe Relevanz haben, solltest du dich mit der Frage beschäftigen, was die nächsten Schritte sind, um die Ergebnisse und somit auch dein Leben zum Positiven zu verändern. Hierbei fällt mir immer wieder auf, dass die meisten Menschen, die mit ihren Ergebnissen unzufrieden sind, sich die unglückliche Frage nach dem »Warum« stellen, zum Beispiel: »Warum passiert das alles ausgerechnet mir?« oder »Warum habe ich dieses oder jenes Problem?«.

Der Haken hierbei ist jedoch: Wenn du dir immer wieder die Frage »Warum?« stellst, dann wirst du darauf auch immer eine Antwort bekommen. Das heißt, dass du zum Beispiel auf »Warum schiebe ich ständig auf?« immer Gründe wie »Ich bin zu faul« oder »Ich bin einfach nicht für den Erfolg gemacht« oder Ähnliches finden wirst. Das ist in Bezug auf die Erreichung deiner persönlichen Ziele logischerweise absolut dysfunktional, weil du mit diesen Antworten nichts anfangen oder verändern kannst. Daher musst du lernen, dir bessere Fragen zu stellen, die dazu führen, dass du bessere Antworten und Informationen bekommst. Diese sind die Grundlage, um bessere Entscheidungen treffen zu können, was wiederum die Qualität deiner Ergebnisse verbessert. Erinnerst du dich an diese Abbildung?

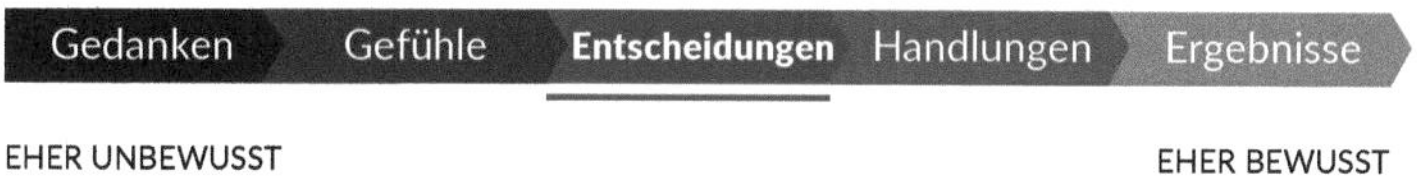

Vereinfacht ausgedrückt heißt das, dass die Qualität unserer Fragen die Qualität unseres Lebens bestimmt. Und um bessere Fragen zu stellen, müssen wir verstehen, dass nichts in unserer Innenwelt zufällig passiert. Das bedeutet, dass sowohl hinter unseren Gedanken und Gefühlen als auch unseren Entscheidungen, Handlungen und Ergebnissen eine positive Absicht steckt - selbst, wenn sie uns nicht gefallen.

Dazu eine passende Analogie, die dieses Prinzip verdeutlichen soll: Nehmen wir an, du sitzt gerade in einem Auto und vor dir ist das Armaturenbrett. Leuchtet plötzlich eine Blinkleuchte auf, dann weißt du, dass du reagieren musst, ansonsten wird es über kurz oder lang Konsequenzen für dein Fahrerlebnis haben. Beispielsweise zeigt dir eine Blinkleuchte, dass du dich noch anschnallen musst, wenn du es vergessen hast. Eine andere Leuchte zeigt dir, dass du bald tanken musst oder die Tür noch nicht richtig zu ist. Entsprechend geht mit der Blinkleuchte in den meisten Autos auch ein lautes Piepen einher, das uns auf ein Problem aufmerksam machen will, das es zu lösen gilt. Kümmern wir uns nicht um dieses Problem, dann müssen wir über kurz oder lang mit den Konsequenzen leben, wie zum Beispiel, dass das Piepen immer lauter und unerträglicher wird oder der Motor einen Schaden bekommen und das Auto stehen bleiben könnte.

Aber das eigentlich Spannende ist: Du kannst dir deine Realität, mit all deinen Gedanken, Emotionen, Entscheidungen, Handlungen und Ergebnissen, genauso vorstellen wie die Blinkleuchte in einem Auto. All diese Dinge wollen dir etwas Bestimmtes aufzeigen und du musst lernen, ihre Hintergründe richtig zu deuten, um dir das Leben zu erschaffen, wovon andere träumen. Allerdings haben uns das Bildungssystem oder die Schule nie wirklich beigebracht, wie wir diese Kontrollleuchten unserer Realität richtig deuten. Uns wurde stattdessen immer wieder nahegelegt, dass wir belastende Gedanken und Gefühle ignorieren und verdrängen und dafür lieber optimistisch in die Zukunft blicken sollen. Niemand hat uns also erklärt, was uns all diese Blinkleuchten unserer Innenwelt wirklich aufzeigen wollen. Das ist der Grund, warum ich nicht nur dieses Buch schreibe, sondern auch Coachings, Seminare oder Trainings anbiete, die Selbstständigen und Unternehmern zeigen, wie sie sich ein finanziell und emotional freies Leben aufbauen können.

Kommen wir zu einem Beispiel aus der Praxis, damit du dir dieses Konzept besser vorstellen kannst:

Nehmen wir zum Beispiel das Aufschieben, eine häufige Herausforderung für viele Menschen, insbesondere Selbstständige oder Unternehmer. In unserem mentalen Armaturenbrett entspricht das Aufschieben einer Blinkleuchte, die auf ein tieferliegendes Problem oder Bedürfnis hinweist.

Statt sich selbst zu fragen: »Warum schiebe ich immer wieder Aufgaben auf?« und sich mit Antworten wie »Ich bin einfach faul« oder »Ich bin nicht diszipliniert genug« zu kritisieren, könnte der Unternehmer beginnen, konstruktivere Fragen zu stellen. Eine solche Frage könnte lauten: »Was versucht mein Aufschiebeverhalten mir zu sagen?« oder »Welches Bedürfnis oder welche Angst könnte hinter meinem Zögern stecken?«.

Beispielsweise könnte das Aufschieben darauf hinweisen, dass die Person Angst vor dem Scheitern hat. Vielleicht ist das Aufschieben ein unbewusster Versuch, sich vor den möglichen negativen Konsequenzen eines nicht perfekten Arbeitsergebnisses zu schützen. Oder es könnte sein, dass die Person sich mit der Aufgabe überfordert fühlt und nicht weiß, wo sie anfangen soll, was auf ein Bedürfnis nach besserer Strukturierung oder einer klareren Zielsetzung hindeutet.

Indem die Person diese Blinkleuchte anerkennt und untersucht, kann sie beginnen, Strategien zu entwickeln, um das zugrunde liegende Problem anzugehen. Wenn die Angst vor dem Scheitern das Hauptproblem ist, könnte sie an ihrem Selbstvertrauen arbeiten oder sich bewusst machen, dass Fehler und Rückschläge Teil des Lernprozesses sind. Wenn das Gefühl der Überforderung der Auslöser ist, könnte sie lernen, Aufgaben in kleinere, handhabbare Teile zu zerlegen oder sich Hilfe von Mentoren suchen.

Durch das Verständnis, dass das Aufschieben einen positiven Grund haben kann, wie beispielsweise den Schutz vor Angst oder Überforderung, kann der Selbstständige oder Unternehmer beginnen, bewusstere Entscheidungen zu treffen, die ihm helfen, produktiver zu sein und seine Ziele zu erreichen. Dieser Ansatz ermöglicht es, sich von der Schuld und Frustration, die oft mit dem Aufschieben einhergehen, zu befreien und stattdessen eine Lösung zu finden, die sowohl den emotionalen als auch den praktischen Bedürfnissen gerecht wird.

Heißt: Statt sich auf das »Warum?« einer unerwünschten Handlung oder dessen Ergebnisses zu konzentrieren, ist es effektiver, sich zu fragen: »Wozu?«. Durch die Frage »Wozu?« finden wir nun keine unnützen Gründe, warum wir zum Beispiel aufschieben, sondern wir finden die versteckte, funktionale Absicht unserer Entscheidungen, Handlungen und Ergebnisse heraus. Damit verändert sich die Gleichung:

Das bedeutet: Die Absicht, die wir bewusst oder unbewusst haben, ist das Fundament für alle Gedanken, Gefühle, Entscheidungen, Handlungen und Ergebnisse, die wir wahrnehmen können. Möchten wir also etwas in unserem Leben zum Positiven verändern, dann müssen wir zuerst alles niederschreiben, was uns stört, und im nächsten Schritt den Grund für all das herausfinden, was wir verändern wollen.

Der Ursprung der unerwünschten Absichten

In der Psychologie spricht man von der sogenannten Konditionierungsphase. Diese Phase findet in der Regel im Alter zwischen zwei und zwölf Jahren statt. Innerhalb dieser Altersspanne lernen wir durch das Bildungssystem, unsere Erziehung und äußere Umwelteinflüsse, wie wir zu denken, zu handeln und zu reagieren haben, um zu überleben.

Häufig wird uns beigebracht, dass bestimmte Emotionen oder Verhaltensweisen schlecht sind, und wir lernen, sie zu unterdrücken oder zu vermeiden. Das führt dazu, dass wir viele unserer Gedanken und Handlungen unbewusst steuern, um diesen gelernten Mustern zu entsprechen. Das bedeutet aber auch, dass viele unserer unerwünschten Absichten aus dem Versuch entstehen, uns selbst zu schützen oder uns an unsere Umgebung anzupassen, basierend auf dem, was wir in unserer Kindheit gelernt haben.

In einem unternehmerischen Kontext wird das besonders deutlich, wenn man mit der Selbstständigkeit beginnt:

1. **Perfektionismus:** Die meisten Selbstständigen streben in jedem Aspekt ihres Geschäfts nach Perfektion. Es kann aus der Kindheit stammenden Glaubenssätzen entspringen, dass Fehler als Schwäche oder Versagen angesehen werden. In der Realität kann jedoch ein übermäßiger Perfektionismus die Fähigkeit, Risiken einzugehen oder innovative Lösungen zu finden, einschränken.

2. **Angst vor Ablehnung:** Viele Selbstständige zögern, ihre Dienstleistungen oder Produkte aktiv zu vermarkten, da sie Angst vor Ablehnung haben. Diese Angst kann aus früheren Erfahrungen stammen, in denen Ablehnung als persönliches Scheitern interpretiert wurde. In der Geschäftswelt ist es jedoch unerlässlich, auch mit Zurückweisungen umgehen zu können.

3. **Schwierigkeiten bei der Delegation:** Einige Unternehmer haben Schwierigkeiten, Aufgaben zu delegieren, da sie glauben, dass nur sie selbst eine Aufgabe korrekt erledigen können. Diese Überzeugung kann aus einer Kindheit stammen, in der Unabhängigkeit und Selbstgenügsamkeit übermäßig betont wurden. Im Geschäftsleben ist es jedoch wichtig, Aufgaben zu delegieren, um zu wachsen und effizient zu sein.

4. **Vermeidung von Konflikten**: Manche Unternehmer vermeiden Konflikte um jeden Preis, was aus der Angst vor

Konfrontationen in ihrer Kindheit resultieren kann. Diese Vermeidung kann jedoch zu ungelösten Problemen im Geschäft führen, die letztendlich das Wachstum und die Entwicklung hemmen.

5. **Überarbeitung und Burn-out:** Einige Selbstständige neigen dazu, sich zu überarbeiten, in dem Glauben, dass harte Arbeit der einzige Weg zum Erfolg ist. Das kann auf Glaubenssätze aus der Kindheit zurückgeführt werden, in denen Wert und Erfolg eng mit der Arbeitsleistung verknüpft waren. Langfristig kann das jedoch zu Burn-out und verminderter Produktivität führen.

Indem man diese Muster erkennt und hinterfragt, um die unerwünschten und erlernten Absichten zu identifizieren, kann man effektivere Strategien im Geschäftsleben entwickeln, die zu einem gesünderen und nachhaltigeren Erfolg führen.

»Und wie kann ich herausfinden, ob ich die wahre Absicht gefunden habe?«

Das ist eine wichtige Frage! Du erinnerst dich sicherlich an unsere Analogie, in der ich dir erzählt habe, dass all unsere Gedanken und Gefühle wie eine Blinkleuchte auf dem Armaturenbrett eines Autos sind. Basierend auf dieser Annahme musst du verstehen, dass wirklich alle Emotionen und Empfindungen, die du wahrnimmst, einen Hinweis darauf liefern, wie es dir wirklich geht. Immer dann, wenn uns etwas belastet oder wir blockiert sind, nehmen die meisten das Ganze in Form eines Gefühls von Druck oder Stress wahr.

In unseren Coachings haben wir jedoch die Erfahrung gemacht, dass diese negativen Empfindungen in dem Augenblick verschwinden und stattdessen ausnahmslos ein Gefühl von Leichtigkeit und Befreiung übrig bleibt, wenn eine wahre Absicht identifiziert wurde. Das ist im Grunde wie ein Aha-Moment, in dem dir klar wird, warum du das bisher getan hast, was du getan hast. Und wenn dieser Aha-Moment oder das bessere Gefühl nicht eintritt, dann musst du noch weitersuchen.

Das heißt, wenn du eigenständig nach der wahren Absicht deiner Handlungen, Entscheidungen und Ergebnisse suchst, die du ändern möchtest, dann musst du auch nach diesem Moment, in dem es in deinem Kopf bzw. in deinen Gefühlen Klick macht, Ausschau halten. Das zeigt dir zuverlässig, dass es geklappt hat.

»Und wozu die bisherige Absicht lösen, statt einfach eine neue zu definieren?«

Diese Frage bekomme ich auch immer wieder von meinen Kunden, Podcast-Hörern und YouTube-Zuschauern gestellt. Tatsächlich kannst du dir das Ganze vorstellen wie bei einer Platzbelegung in einem Kinosaal: Wenn du ins Kino gehst und ein Ticket kaufst, dann wirst du dazu aufgefordert, einen Sitzplatz zu belegen. Nachdem ein Sitzplatz belegt wurde, kann sich logischerweise niemand anderes mehr daraufsetzen. Ansonsten würde das im Kinosaal wahrscheinlich zu Konflikten und Streit führen. Und genau so ist das auch bei deinen Entscheidungen, Handlungen und Ergebnissen! Du musst immer zuerst herausfinden, welche unbewusste Absicht bisher dazu geführt hat, dass du das tust, was du tust. Dadurch löst sich diese unerwünschte Absicht auf, die dir zwar zum Schutz, aber nicht zur Erreichung deiner persönlichen oder unternehmerischen Ziele gedient hat. Erst dann, wenn der Sitzplatz wieder frei ist, kannst du eine bewusste und funktionale Absicht wählen, die dir bei der Erreichung deiner Ziele hilft.

Machst du das nicht, wirst du immer das Gefühl haben, dass unsichtbare Fesseln deiner Vergangenheit dich davon abhalten, die Träume und Ziele zu verwirklichen, nach denen du dich sehnst. Aber weshalb solltest du es dir auf dem Weg zu einem genussvollen und erfolgreichen Leben schwerer machen, als es bereits ist? Es ist sowieso klar, dass dich immer wieder viele Hürden und Herausforderungen davon abhalten werden, erfolgreich zu sein. Daher macht es keinen Sinn, wenn du auch noch dich selbst zum Feind hast und dir mit unerwünschten Absichten aus deiner Kindheit selbst im Weg stehst.

Was du tun kannst, wenn du deine unerwünschten Absichten nicht findest

Falls du Schwierigkeiten damit hast, die unbewussten und unerwünschten Absichten herauszufinden, dann ist das erst mal normal. Damit bist du nicht allein. Das zeigt dir, dass du noch weiter an deiner Fähigkeit zur Selbstreflexion arbeiten darfst. Außerdem ist es Tatsache, dass wir Menschen blinde Flecken in unserem Bewusstsein haben. Deswegen können wir nicht immer erkennen, was uns wirklich davon abhält, erfolgreich zu werden. Wenn du es wirklich wissen würdest, was dich ausbremst, dann hättest du das sicherlich schon längst gelöst, um dir das Leben zu erschaffen, was dir zusteht.

Ich vergleiche die blinden Flecken auch immer sehr gern mit dem menschlichen Auge: Durch die Augen siehst du alles andere, aber die Augen selbst siehst du nicht. Erst dann, wenn du in den Spiegel schaust, kannst du sie sehen. Der Haken dabei ist jedoch, dass du selbst bei einem Blick in den Spiegel immer noch nicht deine kompletten Augen sehen kannst, weil es Teile gibt, die weiterhin durch den Aufbau deines Schädels verborgen bleiben. So ist es auch mit deinen persönlichen oder unternehmerischen Herausforderungen und Themen, die dich derzeit belasten und beschäftigen: Einige wirst du schnell lösen können, weil du bereits ein Bewusstsein dafür hast, wie du die Probleme lösen kannst. Andere werden dich unbewusst ausbremsen oder komplett davon abhalten, deine nächsten Meilensteine zu erreichen. Daher ist es so wichtig, einen Mentor aufzusuchen, der in diesem Bereich bereits Erfahrung hat und dir bestens weiterhelfen kann. Hier möchte ich noch mal auf unser kostenloses Angebot aufmerksam machen, dass du dir unter **theoutperformer.de** zu jeder Zeit sichern kannst. In dieser Coaching-Session können mein Team und ich dich dabei unterstützen, diese blinden Flecken aufzudecken, indem wir die richtigen Fragen zur richtigen Zeit stellen. Außerdem bauen wir mittlerweile auf die Erfahrung von über 1.500 Coaching-Sessions in Zusammenarbeit mit Selbstständigen und Unternehmern auf. Durch diese wissen wir ganz genau, was die Ursachen deiner derzeitigen Herausforderungen in deiner Selbstständigkeit sind.

Darum scheitern 95 Prozent aller Selbstständigen innerhalb von fünf Jahren

Nun weißt du, dass alle Ergebnisse, die du bisher in deinem Leben hattest, von dir selbst geschaffen wurden und du zu 100 Prozent dafür verantwortlich bist - auch wenn sie dir nicht gefallen. Aber wenn du für diese bisherigen Ergebnisse selbst verantwortlich bist, dann kannst du sie glücklicherweise auch wieder verändern. Du hast gelernt, dass es sehr wichtig ist, sich seine messbaren Ergebnisse mit radikaler Ehrlichkeit bewusst zu machen und sie entsprechend aufzuschreiben. Erst wenn du dir bewusst gemacht hast, was dich belastet und stört, wirst du in der Lage sein, daran zu arbeiten.

Und du weißt jetzt auch, dass hinter jeder Entscheidung, jeder Handlung und jedem Ergebnis eine meist unbewusste, funktional gedachte Absicht steht. Diese hat dir in einer anderen Lebensphase in deiner Vergangenheit gedient, erweist sich aber zum aktuellen Zeitpunkt in Bezug auf die Erreichung deiner Ziele als dysfunktional. Findest du die unerwünschte, aber funktional gedachte Absicht heraus, dann kannst du sie auflösen. Hier gilt das Prinzip: »Wenn du das Unsichtbare sichtbar machst, dann kann es nicht mehr gegen dich wirken.«

Wenn du die unerwünschte Absicht ersetzt, dann wirst du feststellen, dass du dich nicht nur besser fühlst, sondern auch produktiver, motivierter und fokussierter bist und mit einer ganz anderen Geschwindigkeit im Business vorankommst. Doch um das Leben zu leben, wovon du träumst, brauchst du noch eine wichtige Zutat: die richtigen Ziele.

Keine Sorge, ich werde dir nicht auf Hunderten von Seiten mühsam erklären, wie du dir die richtigen Ziele für deine Selbstständigkeit setzt, sondern wir werden auf den nächsten Seiten einen Exkurs zu den wichtigsten Punkten machen, auf die du zu achten hast. So kann ich dir im Anschluss zeigen, was der Erfolgsverhinderer #1 ist.

Exkurs 1: Wie du die Macht des Unterbewusstseins nutzt, um deine Ziele zu erreichen

Der Prozess der Zielsetzung ist ein ganz besonderer. Hierbei ist es wichtig, dass du dich statt auf das »Wie?« besser darauf fokussierst, »was« und »warum« du deine gesetzten Ziele erreichen möchtest.

Das Ganze beginnt in unserem Kopf: In der Psychologie wird unser Bewusstsein in das Über- und Unterbewusstsein aufgeteilt. Ersteres repräsentiert unser bewusstes Denken im Alltag und macht nach wissenschaftlichen Schätzungen ungefähr 5 Prozent unserer Gehirnaktivitäten aus. Hingegen sind 95 Prozent unserer mentalen Prozesse unterbewusst, sodass wir sie meistens nicht wahrnehmen können. Diese Zahlen sind jedoch nicht im streng wissenschaftlichen Sinne zu verstehen, sondern dienen eher dazu, die immense Kapazität und den Einfluss des Unterbewusstseins auf unser Verhalten und unsere Entscheidungen hervorzuheben. Je nach wissenschaftlichem Untersuchungsbereich können die Zahlen auseinandergehen. Hierzu ist auch folgender Vergleich der deutschen Managementtrainerin und Sachbuchautorin Vera F. Birkenbihl spannend: 15 Millimeter Bewusstsein stehen 11 Kilometern Unterbewusstsein gegenüber. Das sind umgerechnet zirka 11 Millionen Millimeter. Doch wozu ist es wichtig, das zu verstehen?

Metaphorisch betrachtet ist dein bewusstes Denken essenziell, um zu bestimmen, in welche Richtung deine Reise gehen soll. Dabei kann das Überbewusstsein gar nicht wissen, wie du deine Ziele erreichen kannst, weil es streng genommen sehr limitiert ist. Erst wenn du bewusst weißt, was du willst, und auch herausgefunden hast, warum du das willst, dann kann dein Unterbewusstsein mit ausreichender emotionaler Relevanz für dich arbeiten. Der Grund dafür ist, dass das Unterbewusstsein auf nahezu unlimitierte Ressourcen zurückgreifen kann, die du bewusst niemals in Gänze wahrnehmen wirst.

In dem Moment, in dem wir uns emotional bedeutsame Ziele setzen, die für uns auch eine hohe Relevanz haben und die sich zu 100 Prozent stimmig anfühlen, kann unser Unterbewusstsein nach geeigneten Wegen suchen, um diese Ziele zu erreichen. Du kannst dir das auch so vorstellen: Angenommen, du setzt dich ins Auto und fährst in die nächstgrößere Stadt, in der du nicht wohnst. Dort angekommen, spricht dich jemand an und fragt dich: »Wie viele rote Autos hast du gesehen?« Da du dich nicht darauf konzentriert hast, hast du also keine konkrete Zahl, die du dieser Person jetzt nennen kannst. Mit großer Wahrscheinlichkeit hast du rote Autos gesehen, aber du hast sie nicht wirklich bewusst wahrgenommen. Plötzlich sagt diese Person zu dir: »Das ist der Punkt! Was hätte sich für dich geändert, wenn ich dir gesagt hätte, dass du in dem Moment, in dem du aus dem Haus gehst und in dein Auto steigst, für jedes rote Auto, das du siehst, 100 Euro bekommst?« Und die Antwort ist logisch: Du wärst mit einer ganz anderen Aufmerksamkeit und einem ganz anderen Bewusstsein Auto gefahren und hättest nach den roten Autos Ausschau gehalten, um das Geld zu bekommen.

Dieses Beispiel kannst du nun auf dein Leben übertragen: Täglich hast du unzählige Möglichkeiten, die du ergreifen kannst, um erfolgreich zu sein. Dabei kann eine einzige Möglichkeit ausreichen, um dein ganzes Leben zu verändern. Hast du jetzt keine absolute Klarheit über die Ziele, die du anstrebst, dann wirst du nie in der Lage sein, die richtigen Chancen wahrzunehmen und zu ergreifen. Sie werden einfach an dir vorbeiziehen, ohne dass du es merkst. Deshalb ist es im ersten Schritt so unglaublich wichtig, dass du dich auf das »Was?« und »Warum?« konzentrierst und herausfindest, was du wirklich erreichen willst. Erst danach kann dein Unterbewusstsein arbeiten und dir Wege aufzeigen, an die du vorher vielleicht gar nicht gedacht hast. Dann ist es aber wichtig, dass du auch losgehst und die Bereitschaft mitbringst, die Extrameile zu gehen, anstatt dich zurückzulehnen und darauf zu warten, dass dir die Möglichkeiten in den Schoß fallen. Denn von nichts kommt nichts.

Exkurs 2: Sieben einfache Schritte, um greifbare und motivierende Businessziele zu setzen, die auch erreicht werden

Die genaue Vorgehensweise, um sich erreichbare Ziele zu setzen, beginnt mit dem Verständnis, wie du das Unterbewusstsein zur Zielerreichung einsetzen kannst.

Viele Menschen machen den Fehler, sich unrealistische oder zu vage Ziele zu setzen. Unrealistische Ziele sind solche, die weit über das hinausgehen, was unter gegebenen Umständen mit vorhandenen Kräften erreicht werden kann. Das ist so, als würdest du aus einem kleinen Haufen Sand und ohne Schaufel ein riesiges Schloss bauen wollen. Dieses Ziel ist so unrealistisch wie der Versuch, ohne jegliche Erfahrung und Mittel über Nacht ein großes Unternehmen aufzubauen oder Millionen zu verdienen.

Ein vages Ziel ist wie eine Reise ohne ein klares Ziel. Ich begegne immer wieder Menschen, die sagen, dass sie »abnehmen«, »mehr Geld verdienen« oder »gesünder leben« möchten, ohne konkret zu werden. Das bedeutet, dass sie gar nicht wissen, woran genau sie ihren Erfolg messen können, sollte dieser einmal wirklich eintreten. Außerdem wirst du mit einer solch schwammigen Zielsetzung niemals die Kräfte und Ressourcen deines Unterbewusstseins entfesseln können, die dich langfristig und nachhaltig in die Umsetzung bringen. Das Unterbewusstsein ist ein mächtiges Werkzeug, aber ohne klare Anweisungen weiß es nicht, wie es dir helfen kann, deine Ziele zu erreichen. Das Ganze ist vergleichbar mit einem Navigationsgerät: Beispielsweise kann dein Navi mit einer Anweisung wie »Ich möchte irgendwohin, wo es schöner ist« nicht viel anfangen. Du endest wahrscheinlich irgendwo, aber nicht unbedingt dort, wo du wirklich hinwillst.

Genauso ist es mit der Zielsetzung im persönlichen und unternehmerischen Kontext: Nimmst du dir zum Beispiel vor, »mehr Geld zu verdienen«, dann ist das so, als würdest du deinem inneren Navigationsgerät, also deinem Unterbewusstsein, ein nicht näher definiertes Ziel vorgeben. Mit dieser Information wird es nicht genau wissen, was es für dich erreichen soll. Das Gleiche gilt, wenn du »Ich möchte irgendwohin, wo es mehr Geld gibt« sagst, aber du nicht angibst, wie viel mehr Geld du konkret verdienen willst oder woran du am Ende messbar machen kannst, dass du am Ziel angekommen bist. Denn mehr Geld zu verdienen, das kann als Selbstständiger auch bedeuten, dass du im Durchschnitt einen Kunden mehr gewinnst als vorher. Und wenn du dieses Buch liest, dann wirst du wahrscheinlich jemand sein, der sehr ambitioniert ist und herausfinden will, was im Leben noch so alles möglich ist. Falls das der Fall sein sollte, dann wird dich nur ein Kunde mehr wahrscheinlich eher unbefriedigt lassen. Das ist auch genau mein Punkt: Wie sollen wir glücklich mit unseren erreichten Zielen sein, wenn wir uns vorher nicht bewusst gemacht haben, was wir wirklich wollen? Ein klar definiertes Ziel wäre wie eine genaue Adresse für dein Navi.

Zum Beispiel sage ich bei der Formulierung »Ich steigere mein Einkommen bis zum 01.06.2024 um 50 Prozent« meinem Unterbewusstsein, dass ich genau zu dieser spezifischen Adresse fahren möchte. Dadurch weiß es genau, was es tun soll, und hilft mir, dorthin zu kommen. Wenn deine Formulierungen aber zu vage sind, dann wird es für dein Unterbewusstsein schwer, dich auf den richtigen Weg zu bringen. Genau wie ein Navi klare Anweisungen benötigt, braucht auch unser Unterbewusstsein klare Ziele, um uns effektiv zum Erfolg zu führen.

Lass uns den Aufbau einer packenden Formulierung daher noch mal genauer anschauen:

1. Ich schreibe immer in der Ich-Form und ohne Konjunktive wie *könnte, möchte* oder *würde*, weil diese Formulierungen oft Unsicherheit oder Zögern ausdrücken und nicht die feste Entschlossenheit beinhalten, die für das Erreichen von Zielen notwendig ist.

   Besser ist es, eine kraftvollere Sprache des Engagements und der Gewissheit zu nutzen wie »Ich steigere mein Einkommen bis zum 01.06.2024 um 50 Prozent« statt »Ich möchte vielleicht mein Einkommen erhöhen«.

2. Ich gebe meinem Unterbewusstsein immer ein konkretes Datum zur Zielerreichung mit, statt so etwas zu schreiben wie »Ich will innerhalb der nächsten sechs Monate mein Ziel erreichen«.

   Dadurch entsteht ein Commitment oder eine ernsthafte Verbindlichkeit, die zur Erreichung des Ziels beiträgt. Damit habe ich auch einen exakten Zeitrahmen mit klarer Ziellinie, innerhalb dessen ich vorhabe, meine Ziele zu erreichen.

3. Meine Ziele sind immer positiv formuliert. Ich würde niemals etwas schreiben wie »Ich möchte nicht mehr Schulden machen« oder »Ich will nicht scheitern«, weil durch solche negativen Formulierungen das Unterbewusstsein auf das aufmerksam gemacht wird, was vermieden werden soll, statt auf das, was erreicht werden soll.

   Das ist wie in der Fahrschule: Dort bekommst du beigebracht, dass du dich bei Eis und Schnee nicht auf das Hindernis fokussieren sollst, auf das du bei einem Kontrollverlust sonst zusteuerst, sondern auf die Richtung, in die du sicher steuern willst. Denn dein Fahrzeug folgt deinem Blick. Daher ist es auch bei deinen Zielen wichtig, dass du positive, wirksame Sätze wie »Ich steigere mein Einkommen« oder »Ich beabsichtige, erfolgreich zu sein« formulierst.

4. Basierend auf den bisherigen Punkten sollten deine Ziele immer spezifisch und messbar sein. Eine Formulierung wie »Ich strebe bis zum 31.12.2024 einen Monatsumsatz von 100.000 Euro an« erfüllt zwar die bisher genannten Bedingungen, aber es lässt einen Spielraum für unerwünschte Interpretationen offen.

Mir ist es schon passiert, dass wir erstmals 100.000 Euro im Monat abgeschlossen hatten, aber trotzdem nicht ausreichend Cash-Eingang, um unsere Marketing- und Mitarbeiterkosten zu bezahlen. Daher habe ich meine Ziele so umformuliert, dass sie mir genau das geben, was ich wirklich will. Damit würde die obige Beispielformulierung so lauten: »Ich strebe bis zum 31.12.2024 einen Cash-Eingang von 100.000 Euro an«.

5. Deine Formulierungen dürfen niemals die Wege zur Zielerreichung beschränken, sondern sollten sie möglichst offenlassen. Meiner Erfahrung nach erreichst du Ziele oft auf Wegen, die dir bisher nicht einmal im Ansatz bewusst waren.

Eine Formulierung wie »Ich strebe bis zum 31.12.2024 einen Cash-Eingang von 100.000 Euro ausschließlich über Anfragen auf meiner Website an« ist zu einschränkend, weil du in der Praxis auch Kundenanfragen über Empfehlungen, Content Marketing oder Netzwerke gewinnen könntest. Letztlich zählt nur das Ergebnis, dass die Summe auch tatsächlich auf deinem Konto eingegangen ist.

Hast du einmal Ziele formuliert, dann empfehle ich dir, diese Ziele auf allen Ebenen genauer zu überprüfen. Der Hintergrund ist der, dass wir uns oft bewusst etwas wünschen, aber unterbewusst noch Widerstände existieren, die uns von der Erreichung unserer Ziele abhalten können. Es ist, als ob du ein Auto fährst, aber gleichzeitig auf der Bremse stehst. Das kann dich stark ausbremsen oder sogar komplett stoppen. Stell dir deshalb folgende drei Fragen, um Klarheit zu erlangen:

- **WILL** ICH DAS? - Überprüfe, ob du wirklich die Entschlossenheit und den Willen hast, das Ziel zu erreichen.

Bist du bereit, die erforderlichen Anstrengungen zu unternehmen, um das Ziel zu erreichen?

- WILL **ICH** DAS? - Erkenne, ob das Ziel wirklich deinen eigenen Bedürfnissen und Wünschen entspricht. Ist es etwas, das du aus eigenem Antrieb erreichen möchtest, oder ist es mehr von äußeren Erwartungen oder dem Einfluss anderer geprägt?

- WILL ICH **DAS**? - Finde heraus, ob das, was du anstrebst, genau das ist, was du erreichen möchtest. Ist es das, was du wirklich willst, oder ist es nur eine vage Idee oder ein Kompromiss?

Mithilfe dieser Fragen kannst du deine Formulierungen und Ziele anpassen, sodass sie authentisch und stimmig für dich sind. Erst, wenn diese Grundvoraussetzungen erfüllt sind, wirst du merken, dass eine enorme Power entsteht, die dich innerlich bewegt und nach vorn bringt. Diese Macht wirst du aber nur nutzen können, wenn du im Anschluss auch die bewusste Entscheidung triffst, deine Ziele proaktiv anzugehen.

Ein letzter wichtiger Punkt ist die Überwachung deines Fortschritts. Es ist niemals genug, sich ein Ziel zu setzen und dann zu hoffen, dass es irgendwie erreicht wird. Regelmäßige Überprüfungen deines Fortschritts helfen dir, auf Kurs zu bleiben und rechtzeitig Anpassungen vorzunehmen, falls du vom Weg abkommst. Diese regelmäßige Reflexion erlaubt es dir auch, deine Erfolge zu feiern und dich von ihnen motivieren zu lassen. Außerdem ist es wichtig zu verstehen, dass das Setzen und Erreichen von Zielen dynamische Prozesse sind. Manchmal müssen Ziele angepasst werden, weil sich die Umstände ändern oder weil wir im Laufe der Zeit neue Erkenntnisse gewinnen. Flexibilität und die Fähigkeit, sich anzupassen, sind entscheidend. Es geht nicht darum, stur an einem Ziel festzuhalten, das nicht mehr relevant oder realistisch ist, sondern darum, sich kontinuierlich zu verbessern und persönlich zu wachsen.

Es ist wie beim Bergsteigen, bei dem dein Ziel darin besteht, den Gipfel zu erreichen. Du startest mit einer klaren Vorstellung von deinem Ziel. Die Route, die du geplant hast, ist dein Weg, dieses Ziel zu erreichen. Doch während deiner Wanderung können sich die Bedingungen ändern: Das Wetter könnte umschlagen, der Pfad könnte schwieriger sein als erwartet oder du könntest auf unerwartete Hindernisse treffen.

In dieser Situation ist es essenziell, regelmäßig anzuhalten und deinen Standort zu überprüfen. Das entspricht der Überwachung deines Fortschritts. Du siehst, ob du noch auf dem richtigen Weg bist, und kannst notwendige Anpassungen vornehmen, falls du vom Pfad abgekommen bist. Diese Pausen dienen der Reflexion und helfen dir zu erkennen, wie weit du schon gekommen bist, und verleihen dir neue Energie für den weiteren Aufstieg.

Es kann auch sein, dass du während der Wanderung erkennst, dass das ursprüngliche Ziel - der Gipfel - vielleicht nicht mehr das beste Ziel ist. Vielleicht entdeckst du unterwegs einen attraktiveren Gipfel oder realisierst, dass der ursprünglich angestrebte Gipfel nicht erreichbar ist. In solchen Fällen ist Flexibilität gefragt. Du musst bereit sein, deine Ziele anzupassen, um das Beste aus deiner Wanderung herauszuholen.

Diese Bergbesteigung ist eine Metapher für den Prozess der Zielsetzung und -erreichung. Aber es geht nicht nur darum, das Ziel zu erreichen, sondern auch um das, was du während der Wanderung lernst und wie du als Person wächst. Der Weg ist das Ziel, und die Fähigkeit, sich anzupassen und aus jeder Situation zu lernen, macht die Reise wertvoll und bedeutungsvoll.

Hier ist eine Zusammenfassung der 7 Punkte, um greifbare Ziele zu formulieren, die auch erreicht werden:

1. **Fokus auf das »Was« und »Warum«:** Konzentriere dich darauf, was du erreichen möchtest und warum es für dich wichtig ist. Das bildet die Grundlage für eine starke Motivation und richtet dein Unterbewusstsein auf deine Ziele aus.

2. **Nutzung des Unterbewusstseins:** Etwa 95 Prozent unserer mentalen Prozesse sind unterbewusst. Nutze diese immense Kapazität, um deine Ziele zu erreichen. Dein Unterbewusstsein kann Wege finden, die dir bewusst nicht sofort einfallen.

3. **Klare und spezifische Zielsetzung:** Definiere deine Ziele so klar und präzise wie möglich. Vage Ziele sind wie unklare Anweisungen an ein Navigationsgerät - sie führen dich nicht an den gewünschten Ort. Sei so spezifisch wie möglich, um deinem Unterbewusstsein eine klare Richtung vorzugeben.

4. **Setze realistische und messbare Ziele:** Deine Ziele sollten erreichbar und messbar sein. Das ermöglicht es dir, deinen Fortschritt zu verfolgen und anzupassen, wenn es nötig ist.

5. **Positive Formulierung der Ziele:** Formuliere deine Ziele positiv. Konzentriere dich auf das, was du erreichen möchtest, statt zu sagen, was du nicht willst. Positive Formulierungen motivieren und lenken dein Unterbewusstsein in die richtige Richtung.

6. **Setze ein konkretes Datum für deine Ziele:** Gib ein genaues Datum an, bis wann du dein Ziel erreicht haben möchtest, statt vage Äußerungen wie »in den nächsten Jahren« zu tätigen. Das schafft einen klaren Zeitrahmen und verstärkt die Dringlichkeit.

7. **Bereitschaft zur Aktion und Flexibilität:** Sei bereit, die notwendigen Schritte zu unternehmen, und sei flexibel genug, deine Ziele entsprechend anzupassen, wenn sich die Umstände ändern.

Das Setzen von klaren, spezifischen, positiv formulierten und terminierten Zielen ist der Schlüssel zum Erfolg. Wenn du diese Prinzipien befolgst, kannst du das volle Potenzial deines Unterbewusstseins nutzen und Ziele setzen, die nicht nur motivierend, sondern auch erreichbar sind. Teilst du diese Ziele dann auch in machbare Schritte ein, überprüfst regelmäßig deinen Fortschritt und bleibst flexibel, dann schaffst du dadurch eine starke Basis für das Erreichen deiner Ziele und somit für einen größeren Erfolg in deinem Leben.

Der wahre Grund, warum 95 Prozent aller Selbstständigen innerhalb der ersten fünf Jahre scheitern!

Es ist eine oft zitierte Statistik, dass etwa 95 Prozent aller neu gegründeten Unternehmen innerhalb der ersten fünf Jahre scheitern. Obwohl diese Zahl je nach Branche und Quelle variiert, dient sie als starker Indikator dafür, wie herausfordernd der Weg in die Selbstständigkeit sein kann. Diese Statistik ist nicht nur eine nüchterne Zahl, sondern vielmehr ein Weckruf, der uns daran erinnert, wie entscheidend es ist, mit der richtigen Einstellung und Strategie in das Abenteuer der Selbstständigkeit zu starten.

Wozu war es noch mal so wichtig, dass wir bisher so intensiv über die Messbarkeit deiner momentanen und zukünftigen Situation gesprochen haben? Die Beschäftigung mit solch einfachen Themen mag auf den ersten Blick banal erscheinen, ist aber für deinen persönlichen und unternehmerischen Erfolg entscheidend. Denn nur wenn du genau weißt, wo du stehst und wohin du willst, kannst du wie bei Google Maps den schnellsten und einfachsten Weg dorthin finden. Noch wichtiger ist die Tatsache, dass die Person, die du nach der Erreichung deiner Ziele sein wirst, eine völlig andere Person ist als diejenige, die du jetzt bist. Im Umkehrschluss heißt das, dass du jetzt ein ganz anderer Mensch bist als die zukünftige Version von dir. Das ist der Grund, warum es so wichtig ist, dass du die Ziele, die du dir setzt, genau unter die Lupe nimmst. Diese entscheiden darüber, was für ein Mensch du werden wirst: eine Persönlichkeit, auf die du stolz sein kannst, weil sie nach deinen eigenen Vorstellungen selbstbestimmt und emotional frei ist, oder jemand, der einfach nur lebt, getrieben von äußeren Umständen und den Erwartungen anderer.

Was bedeutet das genau für dich?

Nehmen wir an, dass die Person, die du nach der Erreichung deiner Ziele sein wirst, eine völlig andere Person ist als die Person, die du jetzt bist. Dann braucht es in dem Fall nicht nur eine strategische oder unternehmerische, sondern auch eine gezielte persönliche Entwicklung. Erfolgt diese persönliche Entwicklung nicht, dann tritt ein ähnliches Phänomen wie bei 70 Prozent aller Lottomillionäre auf: Das sind jene Menschen, die durch Lottospielen zu Millionen kommen. Dadurch haben sich zwar ihre äußeren Umstände geändert, aber ihre Persönlichkeit sowie innere Einstellung und Gewohnheiten bleiben unverändert. Das Ergebnis ist meistens, dass das Geld genauso schnell verschwindet, wie es gekommen ist.

Diese Erfahrung habe ich bei einigen Selbstständigen oder Unternehmern in unseren Trainings, Seminaren und Workshops gemacht. Die Betroffenen haben meist eine Unternehmensberatung oder ein Business Coaching gebucht, um ihr Unternehmen zu skalieren und voranzubringen. Das Ergebnis waren ein rasanter Fortschritt und Wachstum, aber die Gründer waren von ihrer Persönlichkeit her nicht darauf vorbereitet, diesen Erfolg zu stemmen. Unsere Kunden erzählen immer wieder, dass sie vorher Gedanken hatten wie »Das kriege ich schon hin - ich bin anders als alle anderen« oder »Das wird wohl nicht so schwer sein«. Doch ein solch rasanter Erfolg ist wie ein unaufhaltbarer Hochgeschwindigkeitszug, den du zum ersten Mal steuern musst, ohne die notwendige Erfahrung oder das Wissen zu haben.

Diese Erfahrungen lehren uns, dass Selbstüberschätzung und mangelnde persönliche Vorbereitung auf den Erfolg genauso gefährlich sein können wie das Scheitern selbst. Das führt uns zu einer zentralen Erkenntnis: Der Prozess der persönlichen Entwicklung ist genauso wichtig wie die Entwicklung des Unternehmens selbst. Es ist unerlässlich, dass Unternehmer und Selbstständige in ihre eigene Entwicklung, emotionale Freiheit und Führungsqualitäten investieren. Wie ein Baum, der stark und stabil genug sein muss, um Früchte zu tragen, muss auch ein Unternehmer innerlich gewachsen und gefestigt sein, um den Erfolg seines Unternehmens nachhaltig zu unterstützen und zu tragen. Besonders wenn du als Solo-Selbstständiger tätig bist, wird dein Unternehmen eins zu eins die gleichen Stärken und Schwächen haben wie du. Wenn du es nicht schaffst, deine Stärken auszubauen und mit deinen Schwächen so umzugehen, dass sie sich nicht gegen dich richten, dann machst du dir den Weg zum Erfolg noch schwerer, als er ohnehin schon ist.

Welche Macht steckt in unserer Persönlichkeit?

Unsere Persönlichkeit ist das entscheidende Fundament, auf dem unser persönlicher und unternehmerischer Erfolg nachhaltig aufbaut. Hier sagte einst Aristoteles: »Wer hohe Türme bauen will, muss lange beim Fundament verweilen.« Tut man das nicht, dann besteht die Gefahr, dass der Turm, so hoch er auch sein mag, bei der ersten starken Böe umstürzt. Und genau das passiert häufig mit Unternehmern, die schnell wachsen, aber kein solides Fundament in Bezug auf persönliche Entwicklung und innere Stärke besitzen. Das Resultat ist oft ein extrem schneller Aufstieg, gefolgt von einem ebenso schnellen Abstieg, der einen enormen Schaden anrichtet.

Umgekehrt stelle ich immer wieder fest, dass Menschen sich zu sehr auf ihre persönliche Entwicklung konzentrieren, ohne das eigene Business voranzubringen. Das ist so sinnlos, als würde man das Fundament für den größten Turm der Welt legen, aber nie das eigentliche Gebäude darauf errichten. Die persönliche Entwicklung bleibt ein ungenutztes Potenzial ohne strategisches Handeln und klare Unternehmensziele.

Wichtige Erkenntnis! Die strategische Entwicklung entscheidet, ob du erfolgreich wirst. Diese setzt sich mit der Herausforderung auseinander, mit welchen Fähigkeiten du welche Schritte in welcher Reihenfolge gehen musst, um persönliche oder unternehmerische Ziele zu erreichen. Die persönliche Entwicklung entscheidet, ob du erfolgreich bleibst. Diese setzt sich mit der Herausforderung auseinander, welche Gewohnheiten, unbewussten Überzeugungen oder Glaubenssätze du lösen musst, um deine Ziele nachhaltig zu erreichen.

Doch was ist die eigentliche Macht unserer Persönlichkeit? Eine passende Analogie, die genau das aufzeigt, ist der Vergleich mit einem Thermostat. Ist dieses auf 25 °C eingestellt, dann wird die Umgebung unabhängig von äußeren Bedingungen immer wieder auf diese Temperatur zurückgeführt. Das bedeutet: Liegt die Raumtemperatur zum Beispiel bei 30 °C, arbeitet das System daran, sie auf 25 °C zu senken. Fällt die Temperatur unter 25 °C, wird die Umgebung so lange erwärmt, bis die eingestellte Temperatur erreicht ist.

Genauso ist das auch mit deiner Persönlichkeit. Sie besteht aus all deinen Erfahrungen, Überzeugungen, Einstellungen und Gewohnheiten, die zusammen dein inneres Thermostat bilden. Dieses innere Thermostat bestimmt, welche messbare Realität du im Laufe deines bisherigen Lebens selbst erschaffen hast, und sorgt dafür, dass du im Grunde immer wieder das bekommst, worauf du eingestellt bist. Ist das innere Thermostat zum Beispiel aufgrund von negativen oder anderen prägenden Erfahrungen auf eine niedrigere Temperatur eingestellt, tendiert man dazu, einen Zustand erhalten zu wollen, der diesen negativen Erfahrungen entspricht. Sie sind gekennzeichnet durch Selbstzweifel, limitierende Glaubenssätze oder Ängste. Diese psychologischen Muster wirken wie ein unsichtbarer Anker, der jeden Fortschritt und jedes weitere Wachstum hemmt.

Das ist auch eine Erfahrung, die wir immer wieder bei unseren Kunden machen: Die meisten unserer Kunden haben vor unserer Zusammenarbeit leider zu spät bemerkt, dass ihre persönliche Entwicklung nicht nur aus positivem Denken, regelmäßigem Lesen von Büchern oder dem Hören von Podcasts besteht. Durch diese Maßnahmen glauben sie, dass sie sich sowohl strategisch als auch persönlich weiterentwickeln. Doch im Laufe der Zeit bemerken die meisten, dass sie in Bezug auf ihre persönliche Entwicklung lediglich viele Informationen gesammelt haben, ohne dass eine wirkliche Transformation des neu erworbenen Wissens stattgefunden hat. Sie füllen ihren Verstand mit Ideen und Know-how, aber ohne eine praktische Anwendung bleibt dieses Wissen theoretisch und führt nicht zu den gewünschten Veränderungen im realen Leben. Echte persönliche Entwicklung erfordert mehr als das bloße Konsumieren von Informationen. Sie erfordert aktive Selbstreflexion, die Anwendung von Gelerntem in der Praxis und das Durchbrechen von alten Mustern und Gewohnheiten. Es geht darum, nicht nur zu lernen, was zu tun ist, sondern auch, wie man das Gelernte umsetzt und in das tägliche Leben integriert.

Das eigentliche Problem ist jedoch, dass einige unserer Kunden im Hinblick auf ihr Business die Illusion haben, dass sie gleichzeitig an ihrer persönlichen und ihrer strategischen Entwicklung arbeiten. Die Wahrheit ist jedoch, dass die meisten - wenn überhaupt - ein unternehmerisches Wachstum verzeichnen, aber ihre Persönlichkeit sich nicht ausreichend mitentwickelt hat. Das Ergebnis ist, dass sie über kurz oder lang erfolgreich werden, aber nicht in der Lage sind, ihren Erfolg aufrechtzuerhalten, weil ihr inneres Thermostat den Grundzustand, auf den es eingestellt ist, laufend wiederherstellt. Durch dieses anstrengende Auf und Ab fehlt den meisten Menschen die Leichtigkeit und Sicherheit, sodass die Selbstständigkeit mehr und mehr zu einem Überlebenskampf als zu einer erfüllten Reise wird. Dieser Zustand führt häufig zu Stress, Überforderung und schließlich zum Burn-out, da das ständige Streben nach Erfolg nicht durch ein solides inneres Fundament gestützt wird.

Unsere Erfahrung zeigt, dass echte persönliche Veränderung ein proaktiver und oft herausfordernder Prozess ist. Er beinhaltet die Konfrontation mit unbequemen Wahrheiten über sich selbst, das Übernehmen von Verantwortung für das eigene Leben und Handeln sowie das kontinuierliche Arbeiten an sich selbst - auch, wenn das oft schmerzhaft ist. Transformation bedeutet, dass man bereit ist, die Komfortzone zu verlassen und neue, manchmal ungewohnte Perspektiven einzunehmen und unbekannte Wege zu beschreiten.

Was musst du dir jetzt merken?

Unsere Persönlichkeit hat die Macht, unser Leben und unsere Erfahrungen maßgeblich zu gestalten. Sie wirkt wie ein inneres Thermostat, das unsere Realität beeinflusst und oft unbewusst steuert, basierend auf unseren Erfahrungen, Überzeugungen, Einstellungen und Gewohnheiten. Wenn dieses Thermostat aufgrund negativer Erfahrungen oder Glaubenssätze auf eine niedrige Temperatur eingestellt ist, tendieren wir dazu, diesen Zustand, der diese negativen Erfahrungen widerspiegelt, erhalten zu wollen. Das zwingt uns zu einem Stillstand oder sogar Rückschritt.

Möglicherweise kennst du auch Situationen, in denen wir die gleichen Probleme immer wieder erleben, nur in leicht unterschiedlichen Szenarien und mit anderen Menschen. Erst, wenn wir die eigentliche Lektion hinter unseren Problemen erkannt und verstanden haben, dann können wir dieses Muster durchbrechen und unser Leben nach unseren eigenen Vorstellungen verändern. Ein Beispiel dafür, das wir immer wieder bei unseren Kunden erleben, ist die Angst, zu aufdringlich oder profitorientiert zu wirken, wenn sie über ihr Angebot sprechen. Das führt dazu, dass sie sich immer wieder zurückhalten und ihr Produkt oder ihre Dienstleistung nicht überzeugend genug präsentieren - auch wenn es objektiv betrachtet einen enormen Mehrwert bietet. Diese Zurückhaltung kann daran liegen, dass sie in der Vergangenheit beim Versuch, etwas zu verkaufen, negativ wahrgenommen wurden. Diese Erfahrungen prägen ihr inneres Thermostat und damit ihre Herangehensweise und führen zu einem wiederkehrenden Muster, in dem sie trotz ihrer Kompetenz und des Wertes ihres Angebots immer wieder auf Schwierigkeiten bei der Kundenakquise stoßen. Lernt man die wahre Lektion nicht, dann werden die Geldsorgen so lange nicht enden, bis die tieferen Ursachen dieser wiederkehrenden Muster erkannt und angegangen werden.

Um diese Lektion zu realisieren und insbesondere dieses Muster zu durchbrechen, setzen wir in unseren Coachings aktiv am inneren Thermostat an. Dadurch können wir die Grundeinstellung zum Verkauf so ändern, dass diese authentisch zur betreffenden Person passt. Der Ansatz ist von Mensch zu Mensch individuell und kann beispielsweise mit der Erkenntnis beginnen, dass das Verkaufen eines Produkts oder einer Dienstleistung nicht nur ein Mittel zum Zweck, sondern auch eine Möglichkeit ist, echten Wert zu bieten und Lösungen für die jeweiligen Kunden zu präsentieren. Dadurch verändert sich nicht nur die Wahrnehmung über den Vertrieb selbst, sondern auch die Art und Weise, wie das eigene Angebot präsentiert wird. Anstatt den Fokus auf den Abschluss des Verkaufs zu legen, beginnen die Menschen, sich auf die Beziehung zum Kunden und auf das Verständnis der Kundenbedürfnisse zu konzentrieren. Das führt zu einer natürlicheren und authentischeren Kommunikation, die sowohl für den Verkäufer als auch für den Kunden angenehmer ist.

Unsere Persönlichkeit bestimmt also, wie wir die Welt um uns herum wahrnehmen und wie wir auf sie reagieren. Sie ist das Fundament unseres persönlichen und unternehmerischen Erfolgs. Ein gut justiertes inneres Thermostat, das positive Überzeugungen und Gewohnheiten fördert, ermöglicht es uns, nachhaltigen Erfolg zu erzielen und aufrechtzuerhalten. Die wahre Stärke liegt in der Balance zwischen persönlicher Entwicklung und strategischem Handeln. Durch aktive Selbstreflexion und entsprechende Interventionstechniken können wir unser inneres Thermostat neu einstellen und so unser volles

Potenzial ausschöpfen. Das führt nicht nur zu einem unternehmerischen und finanziellen Erfolg, sondern auch zu einem erfüllteren und ausgewogeneren Leben. Wenn du also unzufrieden mit dem bist, was du im Leben bekommst, dann musst du die Einstellung deines inneren Thermostats überprüfen und ändern.

Im nächsten Kapitel schauen wir uns an, wie dieses innere Thermostat umgestellt werden kann, sodass du dir das Leben erschaffen kannst, von dem du träumst.

KAPITEL II –
Entmystifizierung von »Brainshit«

Das Bildungssystem und die Medien haben uns nie beigebracht, wie wir zielgerichteter denken und handeln können, um das Leben zu erschaffen, wonach wir uns sehnen. Stattdessen haben wir uns eher darauf konzentriert, uns an gesellschaftliche Normen und Strukturen anzupassen, die unsere kreativen und individuellen Fähigkeiten oft einschränken. Um ein erfülltes und selbstbestimmtes Leben zu führen, müssen wir lernen, über die Grenzen des herkömmlichen Denkens hinauszugehen und eigene Wege zu finden, die zu unseren persönlichen Träumen und Zielen passen.

Das erfordert im ersten Schritt das Bewusstsein darüber, dass wir selbst die Verantwortung für unsere Denkweisen, Entscheidungen und Handlungen tragen. Wir können nicht länger darauf warten, dass externe Institutionen wie das Bildungssystem oder die Medien uns die richtigen Wege aufzeigen. Es liegt an uns, kritisch zu hinterfragen, zu lernen und uns durch verschiedene Möglichkeiten, die sich uns bieten, weiterzuentwickeln. Darauf aufbauend ist es wichtig, die Fähigkeit zum kritischen Denken zu entwickeln. Statt Informationen und Meinungen ungefiltert zu übernehmen, sollten wir lernen, sie zu hinterfragen und hinsichtlich ihrer Gültigkeit und Relevanz für unser eigenes Leben zu prüfen. Das schließt ein, unterschiedliche Perspektiven einzunehmen und offen für neue Ideen und Ansätze zu sein.

In diesem Kapitel geht es deshalb um die Frage, welche marktspezifischen Annahmen, Denkweisen und Überzeugungen dazu führen, dass wir uns die Selbstständigkeit schwerer machen, als sie ist. Ich nenne diese irreführenden und dysfunktionalen Denkweisen und Überzeugungen gern »Brainshit«. Das bedeutet so viel wie mentale Fehlinformationen oder irrationale Überzeugungen, die uns daran hindern, klare und effektive Entscheidungen zu treffen. Sie sind oft tief in unserem Unterbewusstsein verankert und beeinflussen, wie wir uns selbst, unsere Fähigkeiten und unsere Möglichkeiten im Leben einschätzen. Außerdem ist es wichtig, dass wir Fehlinformationen erkennen und korrigieren, um Platz für neue Erkenntnisse zu schaffen, die uns schneller zu unseren Zielen führen.

18 Fehlannahmen über Produktivität, Fokus und Effizienz, die dich von bahnbrechender Peak Performance abhalten

Vor dir liegt ein Ozean voller Möglichkeiten. Als Unternehmer oder Selbstständiger sitzt du im Boot deines Geschäfts und navigierst es durch dieses schier unendliche Gewässer. Doch wie in der Seefahrt gibt es Mythen und Fehlannahmen - über Fokus, Produktivität und Effizienz -, die wie Nebelschwaden deine Sicht trüben und dich vom Kurs abbringen können. In diesem Kapitel lichten wir diesen Nebel und leiten dich sicher durch die Strudel der Missverständnisse, um klarer und zielgerichteter voranzukommen.

Durch das Entschleiern dieser 18 häufigsten Fehlannahmen wirst du nicht nur dein Schiff sicherer steuern, sondern auch die Effizienz deiner Reise erhöhen. Du wirst lernen, wie du durch nachhaltige Effizienz mehr Freiraum schaffst, durch gezielten Fokus schneller vorankommst und mit diszipliniertem Vorgehen deine unternehmerischen Ziele erreichst.

Aber denk daran: Nicht jeder Kapitän muss den gleichen Kurs einschlagen. Fühl dich frei, selektiv vorzugehen und dich auf jene Fehlannahmen zu konzentrieren, die für dich und dein Unternehmen im Moment relevant sind. Jede korrigierte Fehlannahme ist wie ein Leuchtturm, der dir den Weg weist und dir hilft, sicher und effizient an dein Ziel zu gelangen.

Setz also die Segel, ergreife das Ruder und beginne deine Reise durch diese spannenden Einsichten. Entdecke, wie das Beseitigen von Missverständnissen dein Unternehmensschiff auf Kurs bringt und dir hilft, in deinem unternehmerischen Ozean aus dem Vollen zu schöpfen.

Nr. 1 – Mehr Arbeitsstunden bedeuten höhere Produktivität

$$\text{Produktivität} = \frac{\text{Ergebnis}}{\text{Zeit}}$$

Produktivität ist messbar im Ergebnis pro Zeit. Das heißt, wenn du zum Beispiel 100.000 Euro in sechs Monaten verdienst, bist du produktiver, als wenn du die gleiche Summe in einem ganzen Jahr erwirtschaftest. Logisch, oder? Das ist wichtig, um zu verstehen, dass mehr Arbeitsstunden nicht immer mehr Produktivität bedeuten. Es ist nämlich umgekehrt besser, in vier bis sechs Stunden das zu schaffen, was du sonst an einem oder zwei Arbeitstagen geschafft hättest.

Um das zu erreichen, ist es entscheidend, sich auf die wesentlichen Aufgaben zu konzentrieren und jegliche Ablenkungen zu minimieren. Die meisten Unternehmer verlieren wertvolle Zeit dadurch, dass sie Aufgaben nicht richtig priorisieren oder sich in Details verlieren, die wenig zum Gesamtergebnis beitragen. Es ist also notwendig, regelmäßig zu evaluieren, welche Aktivitäten die höchste Rendite bringen, und den Fokus genau darauf zu legen. Klassische Zeitmanagement-Techniken wie das Eisenhower-Prinzip oder die Pomodoro-Technik können hierbei hilfreich sein.

Nr. 2 - Erfolg ist die Konsequenz aus harter, anstrengender Arbeit

Diese Annahme ist grundsätzlich wahr, jedoch gibt es dabei einige wichtige Nuancen zu beachten. Es stimmt, dass der Weg zur Spitze des Erfolgs in einigen Fällen hart und anstrengend sein kann. Dieser Weg ist oft geprägt von langen Arbeitszeiten, persönlichen Opfern und wiederkehrenden Selbstzweifeln, weil du ständig vor neuen Herausforderungen stehst, die dich an deine Grenzen bringen. Diese Elemente sind unvermeidbar, wenn es darum geht, außergewöhnliche Ziele zu erreichen und sich in einem wettbewerbsintensiven Umfeld durchzusetzen.

Bücher und Geschichten über erfolgreiche Menschen vermitteln oft den Eindruck, dass Erfolg das reine Ergebnis harter Arbeit ist. Doch wenn das so wäre, dann wäre jeder, der hart arbeitet, erfolgreich und wohlhabend - aber ist das wirklich so? Keineswegs! Ganz gleich, ob es sich um Bauarbeiter, Fließbandarbeiter, Pflegekräfte oder zahlreiche andere Berufsgruppen handelt: Sie alle haben in der Regel einen harten und anstrengenden Job - und trotzdem verdienen sie oft zu wenig. Das deutet darauf hin, dass Erfolg nicht allein durch die Härte oder Intensität der Arbeit bestimmt wird, sondern durch die Umsetzung der richtigen Dinge in der richtigen Reihenfolge. Außerdem spielt die Einstellung zur Arbeit eine entscheidende Rolle dabei, wie wir Erfolg definieren und erleben. Wenn man mit Leidenschaft und Interesse an einer Sache arbeitet, kann auch eine anstrengende Tätigkeit erfüllend und befriedigend sein. Andererseits kann eine Arbeit, die als sinnlos oder unbefriedigend empfunden wird, auch bei geringer körperlicher oder geistiger Anstrengung als extrem belastend empfunden werden. Das heißt, je nachdem, wie du die Arbeit selbst einschätzt, wird sie dir anstrengend oder leicht vorkommen.

Kurz gesagt, Erfolg ist nicht nur das Ergebnis harter Arbeit. Die Qualität der Arbeit sowie die Fähigkeit, Prioritäten zu setzen und strategisch zu denken, sind ebenso entscheidend. Es geht nicht nur darum, viel zu arbeiten, sondern auch darum, richtig zu arbeiten. Das bedeutet, die wichtigsten Hebel mit dem größten Einfluss auf die Zielerreichung zu bestimmen und die Aufmerksamkeit darauf zu richten.

Nr. 3 – Multitasking steigert die Effizienz

Es ist ein weitverbreiteter Irrglaube, dass Multitasking - also das gleichzeitige Erledigen mehrerer Aufgaben - die Effizienz steigere. Die meisten Menschen glauben, dass sie durch das gleichzeitige Beantworten von E-Mails, Telefonieren und Arbeiten an einem Projekt produktiver seien. Die Wahrheit sieht jedoch oft anders aus.

Multitasking kann tatsächlich zu einer geringeren Konzentration, mehr Fehlern und letztendlich zu einer reduzierten Produktivität führen. Wenn wir unsere Aufmerksamkeit mehreren Dingen gleichzeitig schenken, können wir uns auf nichts davon vollständig konzentrieren. Das führt zu einer oberflächlichen Verarbeitung von Informationen und kann die Qualität der Arbeit beeinträchtigen.

Es ist wichtig, zwischen echtem Multitasking und Multi-Focus zu unterscheiden. Während Multitasking bedeutet, mehrere kognitiv anspruchsvolle Aufgaben gleichzeitig auszuführen, kann man durchaus einfache, routinemäßige Tätigkeiten kombinieren, wie das Hören von Podcasts beim Kochen. Diese Art von Multitasking ist in der Regel unproblematisch, da sie keine hohe geistige Anstrengung erfordert.

Multi-Focus, also das gleichzeitige Fokussieren auf mehrere anspruchsvolle Aufgaben, ist hingegen in der Regel nicht effektiv. Das menschliche Gehirn ist nicht darauf ausgelegt, mehrere komplexe Informationen gleichzeitig zu verarbeiten. Eine reduzierte Qualität der Arbeit und ein Gefühl der Überforderung sind oft das Ergebnis.

Die effektivere Alternative zum Multitasking ist das Einräumen von fokussierten Blöcken für einzelne Aufgaben. Durch das Setzen von klaren Prioritäten und das konsequente Arbeiten an nur einer Aufgabe, ohne Ablenkung durch andere Tätigkeiten, können eine höhere Produktivität und bessere Ergebnisse erzielt werden. Techniken wie Time-Blocking oder die zuvor erwähnte Pomodoro-Technik können dabei die Konzentration auf eine Aufgabe unterstützen und die Effizienz steigern.

Insgesamt gilt es zu erkennen, dass echte Produktivität und Effizienz oft durch die fokussierte und konzentrierte Arbeit an nur einer Aufgabe erzielt werden, statt durch das gleichzeitige Jonglieren mit mehreren Aufgaben.

Nr. 4 - **Eine vollgepackte Agenda ist ein Zeichen von Produktivität**

In der Geschäftswelt wird häufig irrtümlich angenommen, dass ein voller Terminkalender ein Zeichen für hohe Produktivität und Leistung ist. Das führt oft dazu, dass Menschen ihre Zeit mit zahlreichen Aufgaben füllen und hoffen, dadurch produktiver und erfolgreicher zu sein. Ein überfüllter Terminkalender führt jedoch häufig zu Stress, Überforderung und letztlich zu geringerer Produktivität.

In seinem Buch »The One Thing« argumentiert Gary Keller, dass der Schlüssel zu außergewöhnlichen Ergebnissen nicht darin liegt, mehr zu tun, sondern weniger. Keller betont, wie wichtig es ist, sich auf das Wesentliche zu konzentrieren - auf die eine entscheidende Sache, die den größten Einfluss auf das Erreichen deiner Ziele hat. Anstatt zu versuchen, alles zu tun, schlägt Keller vor, sich auf die Aufgaben zu konzentrieren, die wirklich wichtig sind.

Das Konzept des Buches »The One Thing« ist in einer Welt, in der wir ständig mit Ablenkungen und einer Flut von Aufgaben überschwemmt werden, besonders relevant. Die Idee, dass weniger mehr sein kann, steht im Kontrast zu dem Drang, alles auf einmal zu tun. Indem man sich auf das konzentriert, was wirklich wichtig ist, und alle anderen Aktivitäten, die nicht direkt zur Erreichung dieses Ziels beitragen, ausklammert, kann man nicht nur produktiver sein, sondern auch eine größere Befriedigung in der Arbeit finden.

Die Herausforderung besteht darin, die eine Sache zu identifizieren, die am meisten für den Erfolg zählt. Das erfordert, konsequent Prioritäten zu setzen und den Mut zu haben, zu weniger wichtigen Aufgaben Nein zu sagen. Es bedeutet auch, sich von der Vorstellung zu lösen, dass eine volle Agenda gleichbedeutend mit Produktivität ist. Stattdessen geht es darum, die zur Verfügung stehende Zeit strategisch klug zu nutzen und sich auf die Aufgaben zu konzentrieren, die den größten Einfluss haben.

In der Praxis kann das bedeuten, sich täglich oder wöchentlich Zeit zu nehmen, um über die wichtigsten Ziele nachzudenken und die Aufgaben zu identifizieren, die besonders relevant sind, um diese Ziele zu erreichen. Es geht darum, sich die Freiheit zu nehmen, sich auf diese Schlüsselaufgaben zu konzentrieren, ohne sich von weniger wichtigen Aufgaben ablenken zu lassen.

Kurz gesagt, eine überladene Agenda ist nicht gleichbedeutend mit hoher Produktivität. Echte Produktivität entsteht, wenn man sich auf das konzentriert, was am wichtigsten ist, und die Fähigkeit entwickelt, unwichtige Aufgaben beiseitezuschieben. Das führt zu besseren Ergebnissen, weniger Stress und letztendlich zu mehr Zufriedenheit bei der Arbeit.

Nr. 5 - **Pausen sind Zeitverschwendung**

In der Arbeitswelt wird ebenfalls oft irrtümlich angenommen, dass Pausen reine Zeitverschwendung sind. Diese Fehlannahme basiert auf der Vorstellung, dass kontinuierliche Arbeit ohne Unterbrechungen zu höherer Produktivität führt. Die Realität sieht jedoch anders aus: Pausen sind ein wesentlicher Bestandteil der Erhaltung und Steigerung der Arbeitsleistung.

Pausen dienen nicht nur der mentalen Erholung, sondern haben auch physiologische Vorteile. Bei konzentrierter geistiger Arbeit entstehen metabolische Abfallprodukte im Gehirn, ähnlich wie Laktat bei körperlicher Anstrengung. Angenommen, dein Gehirn wäre eine belebte Stadt: Die verschiedenen Areale in deinem Gehirn sind vergleichbar mit den Stadtvierteln und die neuronalen Pfade zwischen ihnen ähneln den Straßen, die diese Viertel verbinden. Während intensiver geistiger Aktivität, die dem geschäftigen Treiben in einer Stadt während des Tages gleicht, entstehen in deinem Gehirn metabolische Abfallprodukte - vergleichbar mit vollen Müllsäcken, die sich im Laufe des Tages am Straßenrand ansammeln.

Wenn du keine Pausen machst, ist es so, als ob in dieser Stadt die Müllabfuhr nicht oder nur unregelmäßig käme. Die Straßen füllen sich dann zunehmend mit Müllsäcken, die Verkehrswege sind blockiert, und das Vorankommen in der Stadt wird ineffizient und chaotisch. Deine Pausen sind dann wie die regelmäßigen Runden der Müllabfuhr in dieser Stadt zu betrachten. Sie helfen, die angesammelten Müllsäcke, also die metabolischen Abfallprodukte, zu entfernen und die Straßen deines Gehirns wieder freizumachen. Das ermöglicht einen reibungslosen Verkehrsfluss und stellt sicher, dass deine »Gehirnstadt« effizient und effektiv funktionieren kann.

Durch regelmäßige Pausen sorgst du also dafür, dass die Stadt in deinem Gehirn sauber, organisiert und leistungsfähig bleibt. Diese Metapher zeigt dir, wie wichtig es ist, deinem Gehirn regelmäßig Erholung zu gönnen, um seine Produktivität aufrechtzuerhalten. Pausen bieten genau diese Möglichkeit zur Erholung und Regeneration. Sie helfen, das Gehirn von diesen Stoffwechselprodukten zu befreien und die kognitive Leistungsfähigkeit zu erhalten.

Darüber hinaus fördern Pausen auch die Kreativität und Problemlösungsfähigkeiten. Wenn wir uns eine Auszeit von einer Aufgabe nehmen, kann unser Gehirn im Hintergrund weiter an Problemen arbeiten, oft mit dem Ergebnis, dass wir mit frischen Ideen und neuen Perspektiven aus der Pause zurückkehren. Diese unbewusste Verarbeitung, die während der Pausen stattfindet, ist ein entscheidender Faktor für kreative Durchbrüche und innovative Lösungen.

Auch aus psychologischer Sicht sind Pausen unverzichtbar. Indem sie einen notwendigen mentalen Abstand von der Arbeit bieten, kann Stress reduziert und Burn-out verhindert werden. Regelmäßige kurze Pausen helfen, das allgemeine Wohlbefinden zu verbessern und die Arbeitszufriedenheit zu erhöhen. Das wiederum wirkt sich positiv auf die Gesamtleistung aus.

Zudem zeigen Studien, dass regelmäßige Pausen die Aufmerksamkeitsspanne vergrößern und die Fähigkeit zur Aufmerksamkeitserhaltung über längere Zeiträume verbessern. Ohne Pausen nimmt die Konzentrationsfähigkeit mit der Zeit ab, was zu einer Reduktion der Arbeitsqualität und einem Anstieg von Fehlern führt.

Insgesamt ist die Annahme, dass Pausen wertvolle Zeit verschwenden, nicht nur falsch, sondern auch kontraproduktiv. Pausen sind eine Investition in die geistige Gesundheit, Kreativität und Produktivität. Eine Arbeitskultur, die regelmäßige Pausen fördert und wertschätzt, bringt nicht nur gesündere und zufriedenere Mitarbeiter hervor, sondern führt auch zu besseren Arbeitsergebnissen und höherer Gesamtproduktivität.

Nr. 6 – **Man kann lernen, mit weniger Schlaf auszukommen**

Eine weitere weitverbreitete Fehlannahme ist, dass Menschen lernen können, mit weniger Schlaf auszukommen, ohne negative Auswirkungen auf ihre Leistungsfähigkeit und Gesundheit zu erleiden. Diese Annahme wird oft aus der Bewunderung für hochproduktive Persönlichkeiten gespeist, die behaupten, nur wenige Stunden Schlaf pro Nacht zu benötigen. Doch die Realität sieht anders aus: Langfristiger Schlafmangel hat ernsthafte Folgen für die kognitive Funktion und die allgemeine Gesundheit.

Besonders zu Beginn meiner Selbstständigkeit war mein Veränderungswille so groß, dass ich im Durchschnitt 100 Stunden pro Woche gearbeitet habe. Das bedeutet, dass ich mir keine Zeit mehr für mein Privatleben nahm und etwa fünf bis sechs Stunden pro Tag schlief. Das konnte ich einige Monate zwar durchhalten, aber auf Dauer merkte ich, dass meine Leistungsfähigkeit und Lebensfreude immer mehr abnahmen, weil ich mich einfach körperlich und geistig ausgelaugt fühlte.

Schlaf ist nicht nur eine Ruhepause, sondern essenziell für die körperliche und geistige Erholung. Nicht umsonst verschlafen wir Menschen ein Drittel unseres ganzen Lebens, weil in diesem Drittel besondere Regenerations- und Verarbeitungsprozesse ablaufen. Das Gehirn nutzt diese Zeit, um Erinnerungen zu konsolidieren, neues Wissen zu verarbeiten und sich von den geistigen Anforderungen des Tages zu erholen. Schlaf ist vergleichbar mit dem täglichen Aufladen eines Akkus: Ohne ausreichend Schlaf wird dieser Akku nie vollständig aufgeladen, was langfristig zu einer Abnahme der Leistungsfähigkeit führt.

Kurzfristig kann Schlafmangel zu Konzentrationsproblemen, vermindertem Urteilsvermögen und verringerter Problemlösungsfähigkeit führen. Langfristig kann chronischer Schlafmangel das Risiko für ernsthafte Gesundheitsprobleme wie Herz-Kreislauf-Erkrankungen, Diabetes, Übergewicht und Depressionen erhöhen. Es ist also ein Trugschluss zu glauben, dass man lernen kann, mit weniger Schlaf auszukommen. Vielmehr setzt man sich selbst einem erhöhten Risiko für gesundheitliche und kognitive Beeinträchtigungen aus.

Darüber hinaus zeigt die Forschung, dass die Qualität des Schlafs genauso wichtig ist wie die Quantität. Ein unruhiger, ständig unterbrochener Schlaf kann genauso schädlich sein wie zu wenig Schlaf. Daher ist es wichtig, nicht nur auf die Dauer des Schlafs zu achten, sondern auch auf eine Umgebung, die einen erholsamen Schlaf fördert.

In einer Kultur, die auf Nonstop-Arbeit und ständige Verfügbarkeit setzt, ist es entscheidend, die Bedeutung von ausreichendem und qualitativ hochwertigem Schlaf anzuerkennen. Schlaf sollte nicht als Zeitverschwendung oder als Luxus betrachtet werden, sondern als grundlegende Säule der Gesundheit und Produktivität.

Kurz gesagt, die Fähigkeit, mit weniger Schlaf auszukommen, ist kein Zeichen von Stärke oder Effizienz. Es ist vielmehr ein riskantes Verhalten, das langfristig sowohl die Gesundheit als auch die Leistungsfähigkeit beeinträchtigen kann. Ein angemessener, qualitativ hochwertiger Schlaf ist unverzichtbar für kognitiv einwandfreie Funktionen, hohes emotionales Wohlbefinden und die allgemeine Gesundheit.

Nr. 7 – **Produktivitätstools garantieren höhere Produktivität**

Es ist ein weitverbreiteter Glaube, dass der Einsatz von Produktivitätswerkzeugen automatisch zu höherer Produktivität führe. In der Hoffnung, Ablenkungen zu minimieren und die Effizienz zu steigern, richten viele Menschen Internetseiten-Blocker ein oder nutzen Zeitsperren für Apps wie TikTok, Instagram oder YouTube. Die Wahrheit ist jedoch, dass Werkzeuge allein nicht ausreichen, um produktiver zu sein. Wenn du von bestimmten Ablenkungen abhängig bist, findet dein Gehirn oft über kurz oder lang einen Weg, diese Einschränkungen zu umgehen. Die Ursachen für Verhaltensweisen wie Aufschieberitis oder generelle Unproduktivität müssen daher genauer untersucht werden.

Produktivitätstools können hilfreich sein, aber sie sind nur ein Teil des Puzzles. Sie bieten Struktur und können dabei unterstützen, den Fokus beizubehalten, aber sie minimieren nicht die Notwendigkeit, die eigentlichen Gründe für Produktivitätshemmnisse zu verstehen und anzugehen. Ein häufiger Grund für Unproduktivität ist beispielsweise mangelnde Motivation oder fehlende Klarheit über die eigenen Ziele und Prioritäten. In solchen Fällen wird kein Tool der Welt eine signifikante Veränderung bewirken, wenn nicht zuerst diese grundlegenden Probleme gelöst werden.

Außerdem ist es wichtig zu erkennen, dass Produktivität sehr individuell ist. Was für eine Person funktioniert, muss nicht unbedingt auch für eine andere Person geeignet sein. Das blinde Folgen von Produktivitätstrends oder das Überladen mit Tools und Techniken kann sogar kontraproduktiv sein, indem es zu mehr Stress oder einer Überforderung führt, anstatt die Effizienz zu steigern.

Ein weiterer Aspekt ist die Selbstreflexion. Es ist wichtig, sich regelmäßig Zeit zu nehmen, um das eigene Arbeitsverhalten zu überdenken und zu bewerten, ob die verwendeten Tools und Techniken tatsächlich effektiv sind. Oft ist es notwendig, Gewohnheiten zu ändern, die Arbeitsumgebung anzupassen oder an der eigenen Einstellung zu arbeiten, um echte Fortschritte in der Produktivität zu erzielen.

Kurz gesagt, auch wenn Produktivitätstools hilfreiche Unterstützung bieten können, garantieren sie keine höhere Produktivität. Echte Produktivitätssteigerung erfordert ein tieferes Verständnis der eigenen Bedürfnisse, Ziele und Verhaltensmuster sowie die Bereitschaft, notwendige Änderungen in der Arbeitsweise und im Lebensstil vorzunehmen. Die Kombination aus geeigneten Tools, Selbstreflexion und persönlichem Engagement ist der Schlüssel zu nachhaltiger Produktivitätssteigerung.

Nr. 8 – Ständige Erreichbarkeit steigert die Produktivität

Eine häufige Fehlannahme in unserer heutigen vernetzten Arbeitswelt ist, dass ständige Erreichbarkeit die Produktivität steigert. Die Idee dahinter ist, dass man durch die sofortige Beantwortung von E-Mails, Anrufen und Nachrichten schneller auf Anforderungen von Kunden oder Auftraggebern reagieren und so effizienter arbeiten kann. Die Realität sieht jedoch oft anders aus. Ständige Erreichbarkeit kann zu einer Fragmentierung der Aufmerksamkeit führen, Stress erhöhen und paradoxerweise die Produktivität verringern.

Wenn du immer erreichbar bist, bist du ständig potenziellen Unterbrechungen ausgesetzt. Jede neue E-Mail, jede Nachricht oder jeder Anruf kann dich von deiner aktuellen Aufgabe ablenken. Diese Unterbrechungen sind nicht nur Momentaufnahmen, sondern sie zerstreuen deine Aufmerksamkeit und machen es schwieriger, zu deiner ursprünglichen Aufgabe zurückzukehren. Studien haben gezeigt, dass es nach jeder Unterbrechung eine gewisse Zeit dauert, bis man sich wieder vollständig auf die ursprüngliche Aufgabe konzentrieren kann.

Darüber hinaus kann die Erwartung, ständig erreichbar zu sein, zu einem erhöhten Stressniveau führen. Du fühlst dich möglicherweise gezwungen, sofort auf jede Anfrage zu reagieren, was deine Fähigkeit zur Tiefenarbeit oder zur Konzentration auf komplexe Aufgaben beeinträchtigt. Langfristig kann dieser Zustand ständiger Alarmbereitschaft zu Erschöpfung und Burn-out führen.

Eine weitere Folge der ständigen Erreichbarkeit ist die Schwierigkeit, Arbeit und Privatleben voneinander zu trennen. Wenn du zu Hause oder in deiner Freizeit ständig Arbeitsanfragen beantwortest, verringert das die Erholungszeit, die dein Gehirn und Körper benötigen, um sich von den Anforderungen des Arbeitstages zu erholen.

Es ist daher wichtig, Grenzen zu setzen und bewusst darüber zu entscheiden, wann und wie man erreichbar ist. Das kann bedeuten, feste Zeiten für das Überprüfen von E-Mails und Nachrichten festzulegen, Benachrichtigungen auf dem Smartphone oder Computer zu deaktivieren oder klare Vereinbarungen mit Mitarbeitern, Kunden oder Geschäftspartnern über die Erreichbarkeit innerhalb und außerhalb der Arbeitszeiten zu treffen.

Kurz gesagt, während eine gewisse Erreichbarkeit notwendig und hilfreich sein kann, führt eine ständige Erreichbarkeit nicht zwangsläufig zu einer höheren Produktivität. Im Gegenteil, sie kann zu einer Verringerung der Konzentrationsfähigkeit, erhöhtem Stress und einer schlechteren Work-Life-Balance führen. Das Setzen von Grenzen und das bewusste Management der eigenen Erreichbarkeit sind entscheidend, um langfristig produktiv und gesund zu bleiben.

Nr. 9 – Man muss immer motiviert sein, um produktiv zu sein

Ein weitverbreiteter Irrglaube in der Welt der Selbstoptimierung und des Zeitmanagements ist, dass man ständig motiviert sein müsse, um produktiv zu sein. Diese Vorstellung suggeriert, dass hohe Produktivität direkt mit einem dauerhaften Zustand hoher Motivation zusammenhänge. In Wirklichkeit ist Motivation jedoch schwankend und wird von vielen Faktoren beeinflusst, die nicht immer direkt kontrollierbar sind. Produktivität hängt nicht nur von ständiger Motivation ab, sondern auch von Disziplin, Gewohnheiten und Strukturen.

Tatsächlich gibt es Tage, an denen die Motivation gering ist, sei es aufgrund äußerer Umstände, persönlicher Herausforderungen oder natürlicher Schwankungen menschlicher Emotionen. Die Erwartung, immer hoch motiviert zu sein, ist unrealistisch und kann zu Enttäuschung und Selbstkritik führen.

In Phasen niedriger Motivation kann Disziplin eine Schlüsselrolle spielen. Disziplin bedeutet, sich auf die Erledigung von Aufgaben zu konzentrieren, unabhängig davon, wie motiviert man ist. Es geht darum, sich auf die eigenen Verpflichtungen und das Erreichen der gesetzten Ziele zu konzentrieren, auch wenn die innere Begeisterung fehlt. Disziplin kann durch etablierte Gewohnheiten und Routinen unterstützt werden, um auch in Phasen geringer Motivation auf Kurs zu bleiben.

Ein wichtiger Aspekt dabei ist, dass Motivation und Disziplin oft erst dann entstehen, wenn wir den Entschluss gefasst haben, etwas zu tun. Ein klassisches Beispiel ist der Sport: Manchmal hat man keine Lust auf eine sportliche Betätigung, aber wenn man sich für das Training entscheidet, ist die Motivation beim Training dann doch vorhanden. Besonders nach dem Ende des Trainings verspürt man oft eine Zufriedenheit, sich überwunden zu haben. Diese Erfahrung, dass die Motivation aus dem Tun folgt, ist ganz wesentlich. Entscheidet man sich trotz fehlender Anfangsmotivation immer wieder dafür, etwas zu erledigen, entsteht Disziplin. Das bedeutet, dass Motivation und Disziplin nicht immer Voraussetzungen für die Umsetzung sind, sondern auch das Ergebnis dieser sein können.

Darüber hinaus ist es wichtig, die Ursachen mangelnder Motivation zu erkennen und zu beseitigen. Manchmal kann mangelnde Motivation ein Hinweis darauf sein, dass eine Pause nötig ist, dass die Ziele neu bewertet werden müssen oder dass die Herangehensweise an eine Aufgabe geändert werden muss. Selbstreflexion und Anpassungsfähigkeit spielen hierbei eine große Rolle.

Außerdem ist es hilfreich, sich realistische und auch tatsächlich erreichbare Ziele zu setzen. Das Erreichen kleiner, naheliegender Ziele kann ein Gefühl der Erfüllung vermitteln und die Motivation für größere Aufgaben steigern.

Zusammengefasst ist ständige Motivation wünschenswert, aber nicht unbedingt erforderlich, um dauerhaft produktiv zu sein. Disziplin, feste Gewohnheiten und ein unterstützendes

Umfeld können ebenso wichtig sein, um produktiv zu bleiben, auch wenn die Motivation schwankt. Das Verständnis, dass Motivation mal mehr und mal weniger vorhanden ist, und das Erlernen eines effektiven Umgangs mit diesen Schwankungen sind entscheidend für langfristige Produktivität und nachhaltigen Erfolg.

Nr. 10 - **Perfektionismus ist gleichbedeutend mit hoher Qualität**

Ein weitverbreiteter Trugschluss unter Selbstständigen ist, dass Perfektionismus automatisch zu hoher Qualität führe. Einige Unternehmer streben in allen Aspekten ihrer Arbeit nach Perfektion, in der Annahme, dass das die Qualität ihrer Produkte oder Dienstleistungen verbessere. Diese Herangehensweise kann in manchen Situationen sinnvoll, in anderen jedoch kontraproduktiv sein. Insbesondere dann, wenn der Fokus mehr auf den eigenen Ansprüchen als auf den Bedürfnissen der Kunden liegt.

Perfektionismus führt oft dazu, sich auf Details zu konzentrieren, die für den Kunden möglicherweise irrelevant sind. Das kann dazu führen, dass an der falschen Stelle optimiert wird und somit viel Zeit und Energie verbraucht werden, ohne einen entsprechenden Ertrag zu erzielen. Denn was aus Sicht des Unternehmers perfekt ist, muss nicht unbedingt das sein, was der Kunde braucht oder schätzt. Es besteht die Gefahr, ein Angebot zu schaffen, das nicht auf die tatsächlichen Bedürfnisse und Wünsche der Zielgruppe abgestimmt ist und deswegen am Markt vorbei entwickelt wird.

Ein pragmatischerer Ansatz besteht darin, Lean zu beginnen und erste Hypothesen zu testen. Das bedeutet, eine Basisversion eines Produkts oder einer Dienstleistung auf den Markt zu bringen und auf Basis des tatsächlichen Kundenfeedbacks weiterzuentwickeln. Dies ermöglicht eine flexible Anpassung an die Nachfrage und stellt sicher, dass Ressourcen effizient eingesetzt werden. Durch den direkten Dialog mit den Kunden und das Einholen von Feedback kann ein Produkt oder eine Dienstleistung entstehen, die genau auf deren Bedürfnisse zugeschnitten ist und sich deshalb am Markt etabliert.

Dieser kundenorientierte Ansatz führt oft zu einem Ergebnis, das vielleicht nicht gänzlich fehlerfrei, dafür aber optimal auf die Kundenbedürfnisse abgestimmt ist. Es geht darum, ein Gleichgewicht zu finden zwischen dem Streben nach Qualität und der Akzeptanz, dass manchmal »gut genug« besser als »perfekt« ist. Insbesondere dann, wenn es darum geht, sich schnell an Marktveränderungen anpassen zu wollen.

Perfektionismus kann also zur Falle werden, wenn er den Blick für das Wesentliche verstellt. Für Selbstständige ist es wichtig, sich auf das zu konzentrieren, was für ihre Kunden wirklich relevant ist. Anstatt nach Perfektion zu streben, ist es oft produktiver, eine flexible, kundenorientierte Einstellung zu entwickeln, die es ermöglicht, Produkte oder Dienstleistungen zu entwickeln und zu verfeinern, die den tatsächlichen Bedürfnissen der Kunden entsprechen.

Nr. 11 - **Druck und Stress erhöhen die Leistungsfähigkeit**

Die fehlerhafte Annahme, dass Druck und Stress die Leistungsfähigkeit erhöhen würden, ist unter Selbstständigen und Unternehmern ebenfalls weit verbreitet. Einige glauben, dass sie sich selbst unter Druck setzen müssten, um in ihrer Selbstständigkeit oder in ihrem Unternehmen erfolgreich zu sein. Diese Überzeugung entspringt oft Erfahrungen aus der Vergangenheit, insbesondere mit jenen Elternhäusern, in denen hartes Arbeiten unter ständigem Druck als Weg zum Erfolg vorgelebt wurde.

Für Selbstständige und Unternehmer kann ein selbst auferlegter Druck zwar kurzfristig eine Steigerung der Produktivität bewirken, aber langfristig führt diese Arbeitsweise zu Burn-out, Angstzuständen, Depressionen und einer Reduktion der kreativen und strategischen Denkfähigkeit. Chronischer Stress kann die Gesundheit beeinträchtigen und die Qualität der Arbeit sowie die Beziehungen zu Kunden, Mitarbeitern und Geschäftspartnern negativ beeinflussen.

In der heutigen Arbeitswelt ist es für Selbstständige und Unternehmer besonders wichtig, ein gesundes Gleichgewicht zu finden. Anstelle von Druck und Stress sollten die innere Motivation und ein ausgeprägter Sinn für den eigenen Zweck und die Unternehmensvision im Vordergrund stehen. Das führt zu nachhaltigerer Leistung und größerer Zufriedenheit.

Selbstständige und Unternehmer sollten sich fragen, ob der selbst auferlegte Druck wirklich notwendig ist. Sie sollten lernen, sich realistische Ziele zu setzen, Aufgaben zu priorisieren und Pausen für die Stressbewältigung einzuplanen. Eine gesunde Arbeitsumgebung, die Kreativität und Innovation fördert, statt eine Kultur des ständigen Drucks zu unterstützen, ist hier entscheidend.

Es ist essenziell, alte Glaubenssätze, die auf Druck und ständiger Verfügbarkeit basieren, zu hinterfragen und durch eine neue Denkweise zu ersetzen, die Wohlbefinden und langfristige Leistungsfähigkeit betont. Selbstständige und Unternehmer sollten lernen, auf die Signale ihres Körpers und Geistes zu hören und nicht ständig unter Hochdruck zu arbeiten. Das führt nicht nur zu einer gesteigerten Produktivität, sondern auch zu mehr Lebensfreude und Gesundheit. Echte Leistungsfähigkeit sowie Erfolg in der Selbstständigkeit und im Unternehmertum entstehen nicht durch ständigen Druck und Stress, sondern durch ein ausgewogenes Verhältnis von Arbeit, Erholung und persönlicher Erfüllung.

Nr. 12 - Mehrere Projekte gleichzeitig vorantreiben zu können, ist ein Zeichen von Effizienz

Es ist ein verbreiteter Irrglaube unter Selbstständigen und Unternehmern, dass es effektiv sei, mehrere Projekte gleichzeitig voranzutreiben, um keine Gelegenheiten zu verpassen. Diese Fehlannahme wird aus deiner Furcht, etwas zu verpassen (FOMO), und dem Druck, auf einem konkurrenzreichen Markt stets aktiv und innovativ zu sein, gespeist. Doch dieser Multitasking-Ansatz kann paradoxerweise das Gegenteil bewirken: Er führt oft zur Lähmung deiner Produktivität und zur Vernachlässigung wichtiger Details, die für den Erfolg eines Projektes entscheidend sind.

Stell dir vor, du bist ein Jongleur. Anfangs jonglierst du mit zwei Bällen - eine Herausforderung, aber noch handhabbar. Aber getrieben von der Angst, etwas zu verpassen, fängst du an, immer mehr Bälle in die Luft zu werfen. Schon bald wird das Jonglieren immer schwieriger, denn jeder zusätzliche Ball erhöht das Risiko, alle Bälle auf einmal fallen zu lassen. So verhält es sich auch mit der gleichzeitigen Verwaltung mehrerer Projekte. Insbesondere als Solo-Selbstständiger kann das parallele Vorantreiben zu vieler Projekte zur Überforderung führen. Jedes Projekt erfordert deine Aufmerksamkeit, Zeit und Ressourcen. Wenn das alles auf zu viele Vorhaben verteilt wird, erhält möglicherweise kein Projekt die nötige Sorgfalt und Fokussierung, die es für eine erfolgreiche Durchführung benötigt. Das ständige Hin und Her zwischen verschiedenen Projekten kann dazu führen, dass du wichtige Details übersiehst, was die Qualität und den Erfolg der einzelnen Projekte beeinträchtigt. Zudem kann die ständige Teilung deiner Aufmerksamkeit zu einer mentalen Erschöpfung führen, die deine

Kreativität und Problemlösungsfähigkeit beeinträchtigt. Das ist in Bereichen, in denen innovative Lösungen und strategisches Denken gefragt sind, besonders kritisch.

Die Herausforderung für dich liegt darin, zwischen der Nutzung von Marktchancen und der Fokussierung auf das Wesentliche einen Mittelweg zu finden. Es ist wichtig, Prioritäten zu setzen und herauszufinden, welches Projekt das größte Potenzial hat, deine Ziele voranzubringen. Es geht darum, sich auf wenige, aber bedeutsame Vorhaben zu konzentrieren und diese mit voller Aufmerksamkeit und Sorgfalt zu bearbeiten. Anstelle von FOMO solltest du das Prinzip der gezielten Auswahl und Konzentration verfolgen. Das bedeutet, dass du dich bewusst für Projekte entscheidest, die am besten zu deinen Zielen und Fähigkeiten passen, und diese dann mit vollem Einsatz umsetzt. Es geht nicht darum, jede sich bietende Gelegenheit zu ergreifen, sondern die richtigen Chancen zu nutzen und diese vollständig auszuschöpfen.

Kurz gesagt, das gleichzeitige Vorantreiben mehrerer Projekte mag verlockend erscheinen, birgt aber das Risiko der Überforderung und mangelnden Qualität. Der Schlüssel liegt in der Fokussierung auf das Wesentliche und der konsequenten Ausführung weniger, aber dafür umso bedeutsamerer Projekte. Dies führt zu einer tieferen und qualitativ hochwertigeren Arbeit, die letztendlich mehr Erfolg und Zufriedenheit mit sich bringt. Indem du dich auf wenige ausgewählte Projekte konzentrierst, kannst du sicherstellen, dass jedes einzelne von ihnen die nötige Aufmerksamkeit und Sorgfalt erhält, um erfolgreich zu sein. Denk daran, Qualität über Quantität zu stellen, und erkenne, dass es besser ist, ein Projekt hervorragend abzuschließen, als mehrere nur halbherzig fertigzustellen. Das ist der Weg zu nachhaltigem Erfolg und Erfüllung in deinem Unternehmertum.

Nr. 13 – Lange Arbeitszeiten ohne Pausen sind ein Beweis für Engagement und Hingabe

Es ist ein weitverbreiteter Irrglaube unter Selbstständigen, dass lange Arbeitszeiten ohne Pausen ein Zeichen von Engagement und Hingabe seien. Viele denken, sie müssten extrem lange arbeiten, um erfolgreich zu sein. Zwar kann das für kurze Zeiträume von ein bis zwei Monaten funktionieren, doch auf Dauer führt so ein Verhalten zu verminderter Effektivität, Verlust der Arbeitsfreude und dazu, dass die eigentlichen Gründe für die Selbstständigkeit in Vergessenheit geraten - Freiheit und Selbstbestimmung.

Stell dir beispielsweise das Aufladen eines Smartphones vor. Wenn du dein Telefon ständig benutzt, ohne es zwischendurch aufzuladen, ist der Akku schnell leer und die Leistung des Geräts lässt nach. Wenn du es jedoch regelmäßig auflädst und Nutzungspausen einlegst, bleibt der Akku leistungsfähig und das Telefon funktioniert optimal. Genauso verhält es sich auch mit deiner Arbeitskraft und deinem Engagement. Ununterbrochenes Arbeiten ohne Pausen entspricht einem ständigen Gebrauch des Telefons ohne Aufladen - es führt schnell zur Erschöpfung und mindert die Leistungsfähigkeit.

Lange Arbeitszeiten ohne ausreichende Erholung können dazu führen, dass du weniger effektiv arbeitest, die Freude an deinem Business verlierst oder dich an ein hohes Arbeitspensum gewöhnst, ohne dich an die Gründe deiner Selbstständigkeit zu erinnern. Effektivität und Erfolg in der Selbstständigkeit bedeuten nicht, sich in endlose Arbeitsstunden zu stürzen, sondern klug und zielorientiert zu arbeiten. Regelmäßige Pausen sind dabei unerlässlich. Sie helfen dir, deine Energie wieder aufzuladen, kreativ zu bleiben und letztlich produktiver zu sein.

Kurz gesagt, lange Arbeitszeiten ohne Pausen sind kein zuverlässiger Indikator für Engagement und Hingabe. Sie können eher ein Zeichen für ein Ungleichgewicht und eine potenzielle Gefahr für deine langfristige Gesundheit und deinen Geschäftserfolg sein. Ein ausgewogenes Verhältnis von Arbeit, Erholung und persönlicher Freiheit ist entscheidend für nachhaltigen Erfolg und Zufriedenheit in deiner Selbstständigkeit.

Nr. 14 - **Zeitmanagement bedeutet, jeden Moment zu planen**

Es ist ein weitverbreiteter Irrglaube in der Welt des Unternehmertums, effektives Zeitmanagement bedeute, jeden Moment des Tages genau zu planen. Diese Annahme wird oft durch Geschichten über extrem erfolgreiche Persönlichkeiten wie Elon Musk verstärkt, die berühmt dafür sind, ihren Tag in Fünf-Minuten-Intervallen zu strukturieren. Das führt dazu, dass viele angehende Unternehmer glauben, sie müssten denselben Ansatz verfolgen, um Erfolg zu haben. Jedoch ist diese Herangehensweise nicht für jeden und insbesondere nicht in jeder Phase der Unternehmensentwicklung geeignet.

Stellen wir uns das Unternehmertum als eine Reise vor. Wenn du zum Beispiel eine Reise antrittst, die du noch nie zuvor gemacht hast, ist es nicht sinnvoll, jede Minute detailliert zu planen, weil dabei auch unvorhergesehene Dinge passieren können. Zu Beginn deiner unternehmerischen Reise ist es wichtiger, die Grundlagen zu verstehen, zu starten und dranzubleiben. Hierbei geht es vielmehr um Flexibilität, Anpassungsfähigkeit und das Lernen aus Erfahrungen als um minutiöse Planung.
Wenn du noch am Anfang deiner Selbstständigkeit stehst, musst du vielleicht erst einmal herausfinden, welche Strategien und Aktivitäten am effektivsten sind, um deine Ziele zu erreichen. Zu diesem Zeitpunkt könnte eine sehr detaillierte

Planung sogar kontraproduktiv sein, da sie dich daran hindern würde, spontane Gelegenheiten zu nutzen oder wichtige Lektionen zu lernen, die nur durch Erfahrung und nicht durch strikte Planung erworben werden können.

Erst, wenn du die Grundlagen verstanden hast, wenn dein Unternehmen eine gewisse Reife erreicht hat und wenn du deine Arbeitsweise gut kennst, macht es Sinn, deine Zeit besser und detaillierter zu strukturieren. Doch selbst dann ist es nicht unbedingt erforderlich, jeden Moment im Voraus zu planen. Eine effektivere Methode könnte sein, Zeitblöcke für bestimmte Arten von Aktivitäten einzuplanen - beispielsweise für kreative Arbeit, administrative Aufgaben oder Meetings. Das verleiht dir die Flexibilität, innerhalb dieser Blöcke zu agieren, während du sicherstellst, dass alle wichtigen Bereiche deines Geschäfts die notwendige Aufmerksamkeit erhalten.

Die Analogie der Reise zeigt auch, dass die Art der Planung, die du anwendest, von der Landschaft deines Unternehmens abhängig sein sollte. In einer Landschaft, die sich schnell verändert und voller Überraschungen steckt, ist es oft besser, flexibel zu sein, sich an unvorhergesehene Ereignisse anpassen und neue Wege gehen zu können.

Zusammengefasst ist ein gutes Zeitmanagement kein starres Schema, das für jeden Unternehmer gleich ist. Es sollte vielmehr individuell an die jeweilige unternehmerische Entwicklungsphase und an die persönlichen Arbeitsweisen angepasst werden. Effektives Zeitmanagement bedeutet nicht, jeden Moment genau zu planen, sondern zwischen Struktur und Flexibilität eine Balance zu finden, die es dir ermöglicht, gleichzeitig produktiv und offen für Wachstum und Lernmöglichkeiten zu sein.

Nr. 15 - Es sollten schnelle Ergebnisse rauskommen

In der Welt der Selbstständigkeit und des Unternehmertums werden oft schnelle Ergebnisse erwartet. Eine Erwartungshaltung, die auf schnelle Erfolge hofft, kann eine Reihe von Herausforderungen mit sich bringen, insbesondere dann, wenn diese schnellen Ergebnisse ausbleiben. Die daraus resultierende Unzufriedenheit kann enormen Druck erzeugen und sogar die Motivation und Disziplin untergraben, die für einen langfristigen Erfolg notwendig sind.

Zahlreiche Selbstständige, die aus einer abhängigen Beschäftigung kommen, sind es gewohnt, eine sofortige Anerkennung für die Erledigung von Aufgaben zu erhalten. Im Gegensatz dazu bleibt in der Selbstständigkeit die gleiche unmittelbare Bestätigung oft aus. Der Weg zum Erfolg kann lange dauern und einen deshalb verunsichern, denn die Früchte harter Arbeit lassen sich oft erst mit erheblicher Verzögerung oder gar nicht ernten. Diese Realität steht in einem deutlichen Gegensatz zu der gewohnt schnellen Anerkennung im Angestelltenverhältnis.

Es ist daher von entscheidender Bedeutung, den Fokus von den unmittelbaren Ergebnissen auf den Wert des Inputs und des kontinuierlichen Fortschritts zu verlagern. Der Schwerpunkt sollte auf den täglichen Anstrengungen und Schritten liegen, die unternommen werden, um das Unternehmen voranzubringen. Das bedeutet, Entscheidungen zu treffen, die langfristige Vorteile bringen, auch wenn diese nicht sofort sichtbar sind.

Ein solcher Ansatz erfordert ein Umdenken: weg von der kurzfristigen Ergebnisorientierung hin zur Wertschätzung des Prozesses. Es geht darum, die kleinen Siege zu feiern - jeden Tag, an dem man Fortschritte macht und positive Entscheidungen trifft, die das Unternehmen langfristig voranbringen. Dieser Ansatz unterstützt die Ausdauer und hilft, mit Rückschlägen und Verzögerungen besser umzugehen, da das Hauptaugenmerk nicht mehr ausschließlich auf dem Endergebnis, sondern auch auf dem kontinuierlich fortschreitenden Entwicklungsprozess liegt.

Zusammengefasst: In der Selbstständigkeit schnelle Ergebnisse zu erwarten, kann zu Enttäuschung und Demotivation führen. Eine gesündere Einstellung ist es, den Wert von kontinuierlichem Input und Fortschritt zu erkennen. Die Konzentration auf das tägliche Vorankommen und zukunftsorientierte Entscheidungen können zu einer nachhaltigeren und befriedigenderen unternehmerischen Laufbahn führen.

Nr. 16 - **Die Motivation sollte intrinsisch, statt extrinsisch sein**

Die gängige Annahme, dass Motivation vorrangig intrinsischer Natur sein sollte, übersieht die Komplexität und Dualität menschlicher Antriebskräfte. In unserem dualen Universum, in dem alles eine Gegenseite hat, ist es eine unvollständige Sichtweise, sich ausschließlich auf intrinsische Motivation zu verlassen. Während eine intrinsische Motivation - die aus innerem Antrieb und persönlichem Interesse entsteht - zweifellos wertvoll ist, spielt auch die extrinsische Motivation - der Antrieb durch äußere Belohnungen und Anerkennung - eine wesentliche Rolle.

Eine ausschließliche Fokussierung auf die intrinsische Motivation kann dazu führen, dass man nur eine Facette des Glücks und der Erfüllung erlebt. Viele Menschen heben jedoch die Bedeutung intrinsischer Motivation besonders hervor, was in vielen Aspekten auch berechtigt ist, da sie zu einer tieferen Zufriedenheit und einem nachhaltigeren Engagement führen kann. Doch um ein ausgeglichenes und ganzheitliches Motivationsspektrum zu erreichen, ist eine gesunde Mischung aus intrinsischer und extrinsischer Motivation notwendig.

Menschen sind am stärksten motiviert, wenn sie nicht nur aus einer, sondern aus mehreren Quellen Kraft schöpfen. Ein Vergleich lässt sich hier mit der Finanzwelt ziehen: Ein Millionär oder Milliardär hat in der Regel nicht nur eine, sondern mehrere Einkommensquellen, die ihm sein Vermögen aufbauen und sichern. Ähnlich verhält es sich mit unserer Motivation: Um möglichst stark motiviert zu sein, sollten wir uns auf mehrere Quellen stützen.

Extrinsische Motivation wie Anerkennung, finanzielle Belohnungen oder sozialer Status kann besonders in frühen Phasen der Selbstständigkeit oder bei spezifischen Aufgaben einen wichtigen Anreiz darstellen. Diese Art der Motivation lässt kurzfristige Ziele in eine greifbare Nähe rücken und verleiht dadurch einen initialen Schub. Intrinsische Motivation hingegen fördert langfristiges Engagement und Zufriedenheit, da sie aus persönlicher Leidenschaft und inneren Überzeugungen erwächst.

Eine ausgewogene Mischung beider Motivationsformen ermöglicht es, sowohl kurzfristige Ziele effizient zu verfolgen als auch langfristig am Ball zu bleiben, obwohl äußere Belohnungen nicht unbedingt sofort sichtbar sind. Es geht darum, ein Gleichgewicht zwischen der Freude an der Arbeit und der Anerkennung für erbrachte Leistungen zu finden.

Kurz gesagt, während die intrinsische Motivation für ein langfristiges Engagement und eine tiefere Erfüllung unerlässlich ist, spielt die extrinsische Motivation bei der Erreichung spezifischer Ziele und der Bereitstellung zusätzlicher Anreize eine wichtige Rolle. Ein vielschichtiger Ansatz, der beide Arten der

Motivation integriert, beinhaltet eine umfassendere und nachhaltigere Antriebskraft. Dieses Gleichgewicht zu finden und zu halten, ist entscheidend für dauerhaften Erfolg und persönliche Zufriedenheit in der Selbstständigkeit.

Nr. 17 – Man muss jeden Tag früh aufstehen, um produktiv zu sein

Die Idee, dass man jeden Tag früh aufstehen müsse, um maximal produktiv zu sein, ist weit verbreitet, insbesondere durch Konzepte wie den »5 AM Club«. Der Kerngedanke dabei ist, dass man durch das frühe Aufstehen ungestört arbeiten kann und durch Morgenroutinen besser in den Tag startet. Während diese Herangehensweise für einige Menschen sehr effektiv sein kann, ist sie nicht universell für jeden geeignet.

Die individuelle Leistungsfähigkeit ist von Person zu Person unterschiedlich. Jeder hat seine eigenen Zeiten, in denen er am besten arbeiten kann. Manche Menschen sind in den frühen Morgenstunden am produktivsten, während andere ihre Höchstleistung erst zu späteren Tageszeiten erreichen. Es ist wichtig zu erkennen, dass wahre Produktivität nicht von einer genauen Uhrzeit abhängt, sondern vielmehr von der Fähigkeit, die richtigen Aufgaben in der richtigen Reihenfolge zu erledigen, sowie von der Fähigkeit, Ablenkungen zu vermeiden und diszipliniert an den eigenen Zielen zu arbeiten.

Das frühzeitige Aufstehen kann für manche Menschen sogar sehr kontraproduktiv sein, insbesondere dann, wenn es ihren natürlichen Schlafmustern und Lebensstilen widerspricht. Zum Beispiel könnten Menschen, die spät ins Bett gehen und dadurch später am Morgen aufstehen, auch erst einige Stunden nach dem Aufstehen ihre produktivste Phase haben.

Entscheidend ist also, das für einen selbst Optimale zu finden. Es geht darum, seinen persönlichen Rhythmus zu verstehen und die Arbeitsweise entsprechend anzupassen. Das kann bedeuten, Arbeitszeiten flexibel zu gestalten und Routinen zu entwickeln, die den individuellen Bedürfnissen und Vorlieben entsprechen.

Zusammenfassend lässt sich sagen, dass Produktivität nicht an eine bestimmte Aufstehzeit gekoppelt ist, sondern an persönliche Effizienz, das Setzen von richtigen Prioritäten und das Management von Ablenkungen. Wichtig ist es, seinen eigenen Rhythmus zu finden und diesen zu respektieren, um die persönliche Produktivität und Leistungsfähigkeit zu erhöhen.

Nr. 18 – Wer beschäftigt ist, ist auch produktiv

Diese Fehlannahme betrifft häufig das eigene Arbeitsverhalten. Wenn du beispielsweise jeden Tag deine To-do-Liste abarbeitest, aber trotzdem nicht einen einzigen geschäftlichen Fortschritt erzielst, kann es sein, dass du zwar beschäftigt, aber dabei nicht produktiv bist. Das bedeutet, dass sich in dir vielleicht ein unbewusster Widerstand regt, der verhindern möchte, dass du erfolgreich bist oder ein Projekt abschließt. Daher findet dieser Teil von dir verschiedene Vermeidungsstrategien, die dir lediglich das Gefühl vermitteln, dass du vorankommst, weil du dich weiterbildest oder fleißig unwichtige Aufgaben von deiner To-do-Liste abarbeitest. Das sind jedoch nicht die entscheidenden Aufgaben, die Umsatz generieren und dich unternehmerisch signifikant voranbringen.

Daher ist es wichtig, dass du stets im Blick behältst, welcher Schritt in deiner aktuellen Situation am sinnvollsten ist, um dein Geschäft tatsächlich voranzubringen. Das heißt, du solltest Maßnahmen ergreifen, die kurz- oder langfristig zu direktem Umsatz führen. Wenn du dich beispielsweise um die Neukundengewinnung kümmern musst, das aber ständig aufschiebst, weil du an deinem Logo oder deiner Website arbeitest, ist das nur eine Vermeidungsstrategie. Zwar ist es wichtig, eine Website oder ein Logo zu haben, aber oft werden die richtigen Maßnahmen zum falschen Zeitpunkt oder in der falschen Reihenfolge umgesetzt, was zeitlich nicht effizient ist.

Insgesamt solltest du also darauf achten, dass du die richtigen Prioritäten setzt und ob die Aufgaben, die du erledigst, wirklich dazu beitragen, dein Unternehmen voranzubringen. Nur so kannst du sicherstellen, dass du nicht nur beschäftigt, sondern wirklich produktiv bist.

Fazit:

In diesem Kapitel haben wir uns intensiv mit den häufigsten Fehlannahmen über Produktivität, Fokus und Effizienz auseinandergesetzt. Wir haben festgestellt, dass die Steigerung der Produktivität nicht nur eine Frage der richtigen Tools oder der Beseitigung von Ablenkungen ist. Vielmehr spielt bei der Erreichung von Spitzenleistungen in deinem Business auch die mentale und emotionale Verfassung eine entscheidende Rolle.

Es sind oft mentale Barrieren, die uns zurückhalten und unsere Handlungen und Entscheidungen beeinflussen. Alles, was tief in unseren Glaubenssätzen und Überzeugungen verankert ist, hält uns davon ab, unser volles Potenzial auszuschöpfen. Indem wir diese mentalen und emotionalen Blockaden erkennen und überwinden, machen wir den Weg frei für eine neue Art von Spitzenleistung, die ohne das Risiko des Ausbrennens auskommt.

Höchstleistung sollte kein kurzfristiges Ziel, sondern ein erreichbarer Standard sein. Es geht darum, einen Zustand zu schaffen, in dem konstante Spitzenleistung zur Norm wird, unterstützt durch ein tiefes Verständnis und eine effektive Bewältigung unserer inneren Herausforderungen.

Wenn du merkst, dass du noch von Glaubenssätzen oder Überzeugungen gebremst wirst, die deine Produktivität und Effektivität einschränken, ist es Zeit, aktiv zu werden: Ein Erstgespräch bei uns kann dir helfen, diese Blockaden zu identifizieren und aufzulösen. Besuche **theoutperformer.de** für ein kostenloses Erstgespräch und beginne deinen Weg zu nachhaltiger Spitzenleistung in deinem Business! Lass nicht zu, dass unsichtbare Fäden dich zurückhalten. Es ist Zeit, diese zu durchtrennen und dein volles Potenzial zu entfalten.

12 Fehlannahmen über Delegation, die verhindern, dass du ein erstklassiges A-Team aufbaust

Stell dir vor, du bist der Kapitän eines Schiffes, mit dem du zu neuen, unentdeckten Ufern aufbrechen sollst. Dein Schiff ist stark, deine Crew talentiert, und das Meer der Möglichkeiten liegt weit und verlockend vor dir. Doch es gibt eine Herausforderung: Du versuchst, alle Aufgaben selbst zu übernehmen - vom Navigieren bis hin zum Segelsetzen. Das wäre nicht nur anstrengend, sondern würde dich das Schiff mitunter wahrscheinlich in die falsche Richtung steuern lassen. Dieses Kapitel funktioniert wie ein Kompass, der dir den Weg zu einem erfolgreichen Führungsstil zeigt, bei dem du durch geschickte Delegation dein Unternehmen zu neuen Höhepunkten führst.

Im Folgenden werden wir die »12 Fehlannahmen über Delegation« aufdecken, die dich bisher daran gehindert haben, ein erstklassiges A-Team aufzubauen. Du wirst lernen, wie du durch eine geschickte Delegation nicht nur deine eigene Arbeitsbelastung reduzierst, sondern auch deinen Mitarbeitern ermöglichst, ihre Fähigkeiten voll auszuschöpfen. Dadurch entsteht ein Kreislauf von Vertrauen, Motivation und Leistung, der dein Unternehmen voranbringt.

Jede Fehlannahme ist wie ein Anker, der dein Schiff zurückhält. Gemeinsam werden wir diese Anker lichten, sodass dein Unternehmen volle Fahrt voraus aufnehmen kann. Du wirst erkennen, dass Delegieren kein Zeichen von Schwäche, sondern ein Zeichen von Stärke und strategischem Denken ist. Es ist der wirksame Hebel, der dich nicht nur deine Zeit effizienter nutzen lässt, sondern auch dein Team inspiriert und befähigt.

Bist du bereit für diese Reise? Dann lass uns die Segel setzen und zusammen in dieses Abenteuer starten, um dein Unternehmen und deine Führungskompetenz auf das nächste Level zu heben. Deine Reise mit einem erstklassigen A-Team zu außergewöhnlichen unternehmerischen Erfolgen beginnt jetzt!

Nr. 1 – **Delegieren ist ein Zeichen von Schwäche oder Unfähigkeit**

Ein häufiger Irrtum unter Selbstständigen und Unternehmern ist die Annahme, dass Delegieren ein Zeichen von Schwäche oder Unfähigkeit darstellt. Diese Fehlannahme basiert auf der Vorstellung, dass man alles selbst erledigen muss, um als kompetent und engagiert wahrgenommen zu werden. Die Wahrheit jedoch ist, dass Delegieren eine der stärksten und effektivsten Fähigkeiten ist, die du als Unternehmer entwickeln kannst.

Indem du Aufgaben delegierst, eröffnest du dir selbst die Möglichkeit, dich auf Bereiche zu konzentrieren, die du wirklich bearbeiten möchtest und in denen du deine Stärken voll ausnutzen kannst. Das Ganze ist vergleichbar mit einem Orchester: Nicht jeder Musiker kann jedes Instrument spielen. Stattdessen konzentriert sich jeder auf das Instrument, für das er ausgebildet ist und das er am besten beherrscht. Das Ergebnis sind eine harmonische, aufeinander abgestimmte Melodie und eine beeindruckende Performance auf der Bühne. Genauso ist es in deinem Unternehmen: Wenn jeder das tut, was er am besten kann, wird das Gesamtergebnis umso besser sein.

Das Delegieren von Aufgaben, die dir keinen Spaß machen oder die nicht zu deinen Kernkompetenzen gehören, an jemanden, der mehr Freude daran hat und besser darin ist, kann einen enorm positiven Effekt auf den Fortschritt des Unternehmens haben. Jeder Mitarbeiter oder Kollege kann sich dann uneingeschränkt auf das konzentrieren, was in seinem Element liegt. Das steigert nicht nur insgesamt die Produktivität, sondern auch die Arbeitszufriedenheit.

Außerdem kannst du durch das Delegieren deine Zeit und Energie wesentlich effizienter nutzen, indem du dich auf strategische Entscheidungen, die Geschäftsentwicklung und Bereiche konzentrierst, die einen direkten Einfluss auf das Wachstum und den Erfolg deines Unternehmens haben. Es ist ein Zeichen von Stärke und gutem Führungsvermögen zu erkennen, wann welche Aufgaben auf andere übertragen werden sollten.

Kurz gesagt, Delegieren ist kein Zeichen von Schwäche oder Unfähigkeit, sondern eine kluge und effektive Managementstrategie. Es ermöglicht dir, deine eigenen Stärken auszuleben, während du gleichzeitig das maximale Potenzial deiner Mitarbeiter nutzt. Ein erfolgreiches Unternehmen basiert auf der guten Zusammenarbeit eines Teams, in dem jeder seine individuellen Talente und Fähigkeiten einbringen kann. Durch das Delegieren schaffst du die Grundlage für ein solches leistungsstarkes und motiviertes Team.

Nr. 2 - Mitarbeiter können das niemals so gut wie ich

Es ist eine verbreitete Fehlannahme unter Unternehmern, dass Mitarbeiter niemals Aufgaben so gut ausführen könnten wie sie selbst. Diese Denkweise stammt oft aus der Anfangszeit der Selbstständigkeit, in der Unternehmer tatsächlich viele Rollen übernehmen und sich in verschiedenen Bereichen behaupten müssen. Aber mit der Zeit und dem Wachstum des Unternehmens ändert sich diese Dynamik.

Richtig ist, dass Mitarbeiter vielleicht nicht jede Aufgabe so ausführen können, wie du es tust - und das ist auch gut so. Sie sollten im besten Fall Spezialisten in ihrem Bereich sein. Sie haben die Möglichkeit, sich auf eine bestimmte Aufgabe oder ein Fachgebiet zu konzentrieren und darin eine Expertise zu entwickeln, die über deine allgemeinen Kenntnisse hinausgeht. Weil sie sich intensiv und kontinuierlich mit ihrem Fachbereich auseinandersetzen, können sie in diesem speziellen Segment Fähigkeiten und Kenntnisse entwickeln, die sie hier letztendlich kompetenter machen, als es der Unternehmer je sein könnte.

Als Unternehmer bist du in der Tat eher ein Generalist. Du hast gelernt, fast alles auf dem Level zu handhaben, was dein Unternehmen aufbaut und zu einem erfolgreichen Niveau führt. Aber irgendwann ist der Punkt erreicht, an dem der Aufgabenberg zu groß wird und es nicht mehr möglich ist, den Überblick über alles zu behalten und jede Aufgabe selbst auszuführen. An dieser Stelle kommen die Spezialisten ins Spiel - fähige Mitarbeiter, die in ihrem Fachgebiet besser sind, als du es sein kannst. Sie können sich mit Hingabe in ihre Aufgaben vertiefen und so zur Weiterentwicklung und Effizienzsteigerung des Unternehmens beitragen.

Es ist wichtig, solche Spezialisierungen als Stärke und nicht als Schwäche zu sehen. Ein erfolgreiches Unternehmen besteht aus einem Team von Menschen, die alle ihre eigenen Fähigkeiten und Fachkenntnisse einbringen. Als Unternehmer liegt deine Stärke darin, dieses Team so zu leiten, dass die richtigen Leute passende Aufgaben haben, und ein Arbeitsumfeld zu schaffen, in dem jeder seine Talente optimal einsetzen kann. Es sollte also nicht dein Ziel sein, alles selbst am besten zu können, sondern um dich herum ein Team aufzubauen, in dem jeder Einzelne in seinem Bereich brilliert.

Nr. 3 – Das ständige Vergleichen mit Konkurrenz ist unerlässlich für den Erfolg

Unter Selbstständigen und Unternehmern ist es eine verbreitete Meinung, dass ein ständiges Vergleichen mit der Konkurrenz entscheidend für den eigenen Erfolg sei. Sicherlich ist es wichtig, die Marktbewegungen und die Botschaften der Konkurrenz zu beobachten, um Anpassungen vornehmen zu können und nicht den Anschluss zu verlieren. Doch es ist ebenso wichtig, den Blick auf das Wesentliche zu richten: auf dich selbst, dein Unternehmen und vor allem auf deine Kunden und deren Bedürfnisse. Denn letztendlich ist es das, was den entscheidenden Unterschied ausmacht. Ein ständiger Vergleich mit Konkurrenten, die möglicherweise weiter sind als du selbst, kann dir schnell das Gefühl verleihen, nicht gut genug zu sein. Dabei siehst du oft nur den Erfolg der anderen, während dir ihre Herausforderungen und Schwierigkeiten meist verborgen bleiben. Marketing zeigt oft nur eine Seite der Medaille.

Die Geschichte von zwei Brüdern illustriert dies eindrucksvoll: Der ältere Bruder hat von den Eltern, den Frauen oder anderen immer die meiste Aufmerksamkeit bekommen. Nicht, weil er talentierter oder attraktiver war, sondern weil er hart an sich gearbeitet hat, Wege gegangen ist, die vorher niemand gegangen ist, und sein eigenes Geschäft aufgebaut hat, mit dem er seine Eltern in den Ruhestand schicken konnte. Der jüngere Bruder wollte auch etwas von dieser Aufmerksamkeit abbekommen, weil er sich vernachlässigt fühlte. Deshalb hat er alles nachgemacht, was der große Bruder gemacht hat. Damit hatte er auch Erfolg, aber nie den gleichen Erfolg, den der große Bruder hatte.

Das Traurige an dieser Geschichte war: Immer dann, wenn die beiden Brüder zusammen waren, wurde der jüngere Bruder mit dem großen verglichen. Dann hieß es: »Ach, du machst das Gleiche wie dein großer Bruder - das ist ja süß.« Ganz egal, was der Jüngere auch gemacht hat, er konnte damit nie die gleiche Größe erreichen wie sein großer Bruder.

Dieses Beispiel zeigt deutlich, dass du immer im Schatten der anderen bleiben wirst, wenn du dich ständig mit ihnen vergleichst und dich an ihnen orientierst. Anstatt dich auf andere zu fokussieren, solltest du deinen eigenen Weg finden und gehen. Konzentriere dich darauf, deine einzigartigen Stärken und Fähigkeiten zu entwickeln und zu nutzen, um deinem Unternehmen ein unverwechselbares Profil zu geben. Erfolg in der Selbstständigkeit bedeutet, deinen eigenen Weg zu finden und zu gehen, anstatt ständig anderen nachzueifern. So kannst du ein Unternehmen aufbauen, das auf deinen individuellen Stärken und Werten basiert, langfristig erfolgreich sein und selbst große Schatten werfen.

Nr. 4 - **Delegation führt zum Kontrollverlust im Geschäft**

Es ist ein weitverbreiteter Irrglaube unter Unternehmern, dass Delegation zwangsläufig zum Kontrollverlust im Geschäft führe. Diese Fehlannahme basiert auf der Vorstellung, dass man nur durch eine ständige Kontrolle aller Bereiche des Unternehmens dessen Erfolg sicherstellen kann. Die Wahrheit ist jedoch, dass Delegation nicht nur notwendig ist, um ein Unternehmen effektiv zu führen, sondern auch, um es richtig zu steuern.

Kehren wir noch einmal zurück zu der Vorstellung des Kapitäns auf einem Schiff: Der Kapitän hat nicht die Aufgabe, jede einzelne Tätigkeit an Bord selbst auszuführen - er muss nicht die Segel setzen, das Deck schrubben oder in der Kombüse arbeiten. Stattdessen ist seine Hauptaufgabe, das Schiff zu steuern und sicherzustellen, dass es seinen Bestimmungsort erreicht. Er verlässt sich dabei auf seine Crew, die in der Zeit die anderen Aufgaben übernimmt, und konzentriert sich ganz auf die strategische Führung und Navigation des Schiffes.

Ähnlich ist es in einem Unternehmen: Als Unternehmer musst du nicht jede Aufgabe selbst übernehmen. Stattdessen geht es darum, die Entwicklung des Unternehmens in die richtige Richtung voranzutreiben. Durch Delegation ermöglichst du es dir selbst, dich auf die wesentlichen Aspekte der Unternehmensführung zu konzentrieren: strategische Planung, Geschäftsentwicklung und langfristige Ziele.

Um sicherzustellen, dass das Unternehmen auch ohne deine direkte Kontrolle jeder einzelnen Aufgabe erfolgreich funktioniert, ist es entscheidend, effektive Systeme für Monitoring, Controlling und Reporting zu implementieren. Diese Werkzeuge ermöglichen dir, alle Prozesse im Blick zu behalten und deren Fortschritt zu verfolgen, ohne in jede Einzelheit involviert zu sein.

Mit zunehmender Größe des Unternehmens wird es immer weniger praktikabel und wünschenswert, absolute Kontrolle über jede Aufgabe, jedes Detail und jede Position zu haben. Stattdessen ist es wichtig, ein vertrauenswürdiges Team aufzubauen und dieses Team zu befähigen, seine Aufgaben effektiv zu erledigen. Das beinhaltet auch, ihnen die Freiheit zu geben, innerhalb ihres Verantwortungsbereichs selbst Entscheidungen zu treffen.

Kurz gesagt, Delegation führt nicht zwangsläufig zum Kontrollverlust im Geschäft, sondern ermöglicht dir vielmehr, dich auf das zu konzentrieren, was wirklich zählt: die strategische Führung deines Unternehmens. Indem du Verantwortung überträgst und effektive Kontrollsysteme einführst, kannst du dein Unternehmen effizienter und zielgerichteter steuern.

Nr. 5 – Es ist zu teuer, jemanden einzustellen oder zu beauftragen

Unter Selbstständigen existiert die irrtümliche Annahme, dass die Einstellung oder Beauftragung einer weiteren Person zu teuer sei. Diese Sichtweise konzentriert sich nur auf die unmittelbaren finanziellen Kosten und vernachlässigt die langfristigen Vorteile, die eine zusätzliche Unterstützung mit sich bringt. Wenn du hingegen niemanden einstellst, sparst du dadurch zwar Kosten, bezahlst aber indirekt mit etwas noch viel Wertvollerem: deiner eigenen Lebenszeit und deiner Freude - vor allem, wenn es um Aufgaben geht, die dir keinen Spaß machen, wie zum Beispiel die Buchhaltung.

Es ist essenziell, eine Kosten-Nutzen-Rechnung aufzustellen. Die Zeit, die du mit Aufgaben verbringst, die von einer anderen Person effizienter erledigt werden könnten, ist Zeit, die du nicht in die Entwicklung deines Unternehmens, in die Kundengewinnung oder in strategische Planung investieren kannst. Diese indirekten Kosten, die dadurch entstehen, können auf lange Sicht weit höher sein als die Ausgaben für eine zusätzliche Arbeitskraft.

Zudem muss eine zusätzliche Unterstützung nicht immer eine Vollzeit- oder Teilzeitkraft bedeuten. Es gibt flexible Lösungen wie qualifizierte Minijobber oder Freelancer, die spezifische Aufgaben wie das Bearbeiten von Briefen und E-Mails, das Schreiben von Rechnungen oder leichte Projektmanagementaufgaben übernehmen können. Der Vorteil hierbei ist, dass du diese Unterstützung nach geleisteten Stunden bezahlen kannst. Das bedeutet, dass du auf diese Unterstützung nur dann und so lange zurückgreifst, wie es wirklich nötig ist.

Selbst wenn ein Minijobber oder Freelancer dir nur 20 bis 40 Stunden Arbeit im Monat abnimmt, gewinnst du dadurch wertvolle Zeit, die du nutzen kannst, um dich auf Aufgaben zu konzentrieren, die einen größeren Impact auf dein Unternehmen haben. Diese zusätzliche Zeit kannst du beispielsweise dazu verwenden, neue Kunden zu gewinnen, strategische Partnerschaften aufzubauen oder dich auf die Aspekte deines Geschäfts zu konzentrieren, die dir am meisten Freude bereiten und den größten Wert schaffen.

Kurz gesagt, die Entscheidung, jemanden als zusätzliche Unterstützung einzustellen, sollte nicht nur auf Basis der unmittelbar entstehenden Kosten getroffen werden. Es ist wichtig, die langfristigen Vorteile und die gewonnene Lebensqualität zu berücksichtigen. Eine zusätzliche Arbeitskraft kann eine durchaus lohnenswerte Investition sein, die dir hilft, dein Unternehmen effektiver zu führen und gleichzeitig deine eigene Arbeitsbelastung zu reduzieren.

Nr. 6 – **Es ist einfacher und schneller, es selbst zu erledigen**

Es existiert außerdem die Annahme, dass es einfacher und schneller sei, Aufgaben selbst zu erledigen, anstatt sie zu delegieren und andere damit zu betrauen. In manchen Fällen mag das zutreffen, besonders wenn es um spezialisierte oder zeitkritische Aufgaben geht. Langfristig gesehen kann diese Denkweise jedoch ineffizient sein und das Wachstum deines Unternehmens begrenzen.

Ein gutes Beispiel dafür ist das System, das in unserer Firma implementiert wurde: eine digitale Schulungsplattform, die Mitarbeitern in Videos Schritt für Schritt zeigt, wie sie ihre Aufgaben nach höchsten Qualitätsstandards erledigen können. Obwohl die Erstellung einer solchen Plattform zunächst Zeit und Ressourcen in Anspruch nimmt, spart sie auf lange Sicht erheblich Zeit.

Das Prinzip hier ist das der »Investition in Einarbeitung«. Wenn du beispielsweise für das Beantworten einer Support-Anfrage normalerweise fünf Minuten brauchst, aber 10 bis 15 Minuten investierst, um einem Mitarbeiter die Aufgabe zu erklären, scheint das im ersten Moment ineffizient zu sein. Doch schon nach nur drei von deinem Mitarbeiter selbstständig bearbeiteten Anfragen hast du die investierte Zeit wieder hereingeholt. Geht man davon aus, dass der Mitarbeiter pro Woche 100 Anfragen bearbeitet, die insgesamt 500 Minuten in Anspruch nehmen würden, sparst du durch die Unterstützung deines Mitarbeiters viel Zeit, die du in andere wichtige Bereiche deines Unternehmens investieren kannst.

Durch die Digitalisierung dieser Schulungsinhalte in Form von Videos wird dieser Effekt noch verstärkt. Sobald das Lehrmaterial erstellt ist, kann es von beliebig vielen Mitarbeitern genutzt werden, ohne dass zusätzliche Zeit für die persönliche Einarbeitung aufgewendet werden muss. Das bedeutet, dass du eine einmalige Zeitinvestition tätigst, um einen dauerhaften »Return on Time« zu erzielen.

Diese Herangehensweise ermöglicht es nicht nur, Zeit zu sparen, sondern auch die Qualität der Arbeit zu standardisieren und sicherzustellen, dass alle Mitarbeiter dieselben Informationen und Anleitungen erhalten. Langfristig gesehen fördert das die Effizienz, die Konsistenz und das Wachstum deines Unternehmens.

Zusammenfassend lässt sich sagen, dass das Prinzip »es ist einfacher und schneller, es selbst zu erledigen« kurzfristig funktionieren kann. Aber für langfristiges Wachstum und Effizienzsteigerung ist es oft sinnvoller, in Systeme und Schulungen zu investieren, mit denen sich Aufgaben effektiv delegieren lassen.

Falls du beim Aufbau einer digitalen Schulungsplattform für Mitarbeiter noch Hilfe brauchst, dann melde dich gern bei uns für ein kostenloses Erstgespräch unter **theoutperformer.de**. Wir zeigen dir, welche Maßnahmen du konkret umsetzen kannst, um Struktur in dein Business zu bringen und Prozesse zu optimieren.

Nr. 7 – Ich fühle mich schuldig, anderen mehr Arbeit aufzuladen

Ein häufiges Dilemma, das viele Selbstständige und Unternehmer empfinden, ist das Gefühl der Schuld, wenn sie Aufgaben an ihre Mitarbeiter delegieren. Dieses Gefühl ist besonders stark bei denen ausgeprägt, die es gewohnt sind, die ganze Last auf ihren eigenen Schultern zu tragen. Sie fürchten, dass die Übertragung von Verantwortlichkeiten als Zeichen von Schwäche oder als unfairer Druck auf ihre Teammitglieder wahrgenommen wird. Doch diese Perspektive verkennt eine grundlegende Wahrheit im Geschäftsleben:

Delegation ist nicht nur eine Entlastung für dich, sondern auch eine Entwicklungschance für deine Mitarbeiter.

Indem du Aufgaben delegierst, gibst du deinen Mitarbeitern die Möglichkeit, neue Fähigkeiten zu erlernen, ihre Kompetenzen zu erweitern und mehr Verantwortung zu übernehmen. Das ist ein wesentlicher Bestandteil ihrer beruflichen Weiterentwicklung. Denk daran, dass Mitarbeiter in der Regel nach Herausforderungen und Gelegenheiten suchen, um zu wachsen und sich zu beweisen. Wenn du ihnen diese Chancen vorenthältst, kann das dazu führen, dass ihre Motivation sinkt und sie weniger Engagement zeigen.

Eine effektive Delegation beginnt mit dem Anerkennen der Stärken und dem Zugeständnis des Entwicklungspotenzials von jedem Teammitglied. Durch eine gezielte Zuweisung von Aufgaben, die den Fähigkeiten und Interessen deiner Mitarbeiter entsprechen, förderst du nicht nur ihre berufliche Entwicklung, sondern auch das Gesamtwachstum deines Unternehmens. Es ist wichtig, mit deinen Mitarbeitern offen über ihre Ziele und Karrierewünsche zu sprechen und zu überlegen, wie du sie dabei bestmöglich unterstützen kannst.

Ein weiterer Aspekt ist das Vertrauen. Wenn du deinen Mitarbeitern Aufgaben überträgst, zeigst du, dass du ihnen vertraust und ihre Fähigkeiten schätzt. Das stärkt das gegenseitige Vertrauen und schafft eine positive Arbeitsatmosphäre. Es geht nicht darum, Arbeit einfach auf andere Schultern »abzuladen«, sondern darum, Verantwortung sinnvoll aufzuteilen und jedem die Möglichkeit zu geben, sich einzubringen und zu entfalten. Deshalb ist es wichtig, die Delegation als Teil deiner Rolle als Führungskraft zu begreifen. Deine Aufgabe ist es, dein Team zu führen, und nicht, jede Aufgabe selbst zu erledigen. Indem du Aufgaben delegierst, kannst du dich auf strategische Aspekte des Geschäfts konzentrieren und gleichzeitig ein starkes, fähiges Team aufbauen.

Kurz gesagt, das Gefühl der Schuld bei der Delegation ist verständlich, aber unbegründet. Delegation ist der Schlüssel zu effektiver Führung und entscheidend für die Entwicklung deines Teams und deines Unternehmens. Indem du lernst, Aufgaben angemessen zu verteilen, schaffst du eine Win-win-Situation für dich und dein Team.

Nr. 8 – **Meine Kunden erwarten, dass ich alles persönlich erledige**

Diese Fehlannahme ist besonders unter Selbstständigen und Inhabern von Dienstleistungsunternehmen und Agenturen verbreitet. Viele glauben, dass ihre Kunden von ihnen erwarten würden, jede Aufgabe persönlich zu erledigen. Diese Sichtweise kann jedoch die Skalierung und das Wachstum des Unternehmens erheblich einschränken, da sie den Unternehmer in einen Zyklus der ständigen persönlichen Einbindung in alle Details hineinzwingt.

Die Wahrheit ist, dass Kunden in den meisten Fällen primär an den Ergebnissen interessiert sind. Sie möchten einen gewünschten Service oder ein bestimmtes Ergebnis erhalten, aber dabei ist es ihnen oft gleichgültig, wer innerhalb des Unternehmens die Arbeit ausführt, solange die Qualität und das Endresultat ihren Erwartungen entsprechen. Die Vorstellung, dass der Unternehmer oder Agenturinhaber alle Aufgaben persönlich übernehmen muss, ist daher nicht nur unnötig, sondern kann auch hinderlich sein.

Für das Wachstum und die Skalierbarkeit eines Unternehmens ist es entscheidend, dass sich der Unternehmer ersetzbar macht. Das bedeutet, effektive Systeme und Prozesse zu implementieren und ein kompetentes Team aufzubauen, das in der Lage ist, die gewünschten Ergebnisse zu liefern. Dabei ist es wichtig, eine Balance zu finden zwischen dem persönlichen Kontakt, den der Unternehmer mit seinen Kunden pflegt, und dem Vertrauen in sein Team, das die notwendigen Aufgaben ausführt.

Hier spielt die klare Kommunikation mit dem Kunden eine besonders große Rolle. Kunden sollten nicht mit ständig wechselnden Ansprechpartnern konfrontiert werden, sondern idealerweise einen festen Kontakt haben. Es fördert das Vertrauen und die Zufriedenheit der Kunden, wenn sie genau wissen, an wen sie sich mit ihren Anliegen wenden können.

Zusammenfassend lässt sich sagen, dass Kunden hauptsächlich an den Ergebnissen interessiert sind, aber nicht daran, wer die Arbeit erledigt. Selbstständige und Agenturinhaber sollten daher auf die Skalierung ihres Unternehmens hinarbeiten, indem sie effektive Teams und Systeme aufbauen, die Qualitätsergebnisse liefern können, ohne dass sie jede einzelne Aufgabe persönlich übernehmen müssen. Das ermöglicht nicht nur ein nachhaltiges Wachstum des Unternehmens, sondern steigert auch die Zufriedenheit und Loyalität der Kunden.

Nr. 9 – **Es ist schwierig, gute Mitarbeiter zu finden**

Gute Mitarbeiter zu finden, ist eine der häufigsten Sorgen von Selbstständigen und Unternehmern. Ein Kernproblem dabei ist oft eine unrealistisch hohe Erwartungshaltung an potenzielle Mitarbeiter. Wenn Unternehmer nach einem Generalisten suchen, der alle Aufgaben überdurchschnittlich gut erledigen kann, stoßen sie auf zwei Hauptprobleme: Erstens sind solche Allrounder selten und zweitens haben sie meistens Gehaltsvorstellungen, die viele Unternehmen nicht erfüllen können oder wollen. Das führt zu einer Frustration auf beiden Seiten, da qualifizierte Kandidaten nicht langfristig gehalten werden können.

Eine effektivere Strategie ist es, sich auf die Einstellung von Spezialisten zu konzentrieren. Diese Mitarbeiter bringen eine hohe Leidenschaft und große Expertise für ein bestimmtes Gebiet mit und sind motiviert, sich in diesem Bereich weiterzubilden und weiterzuentwickeln. Durch ihre Spezialisierung ist die Wahrscheinlichkeit höher, dass sie ihre Aufgaben mit hoher Qualität und Präzision ausführen. Das führt nicht nur zu einer gesteigerten Produktivität des Mitarbeiters, sondern auch zu einer Entlastung für den Arbeitgeber. Anstatt jemanden zu beschäftigen, der viele verschiedene Aufgaben nur halb so gut erledigt und dadurch mehr Fehler macht, bekommt man mit einem Spezialisten jemanden, der wenige Aufgaben sehr gut ausführt.

Darüber hinaus ist es wichtig, dass Unternehmen auch die richtige Schulung und Unterstützung bieten, um sicherzustellen, dass Mitarbeiter ihren Aufgaben gewachsen sind und sich weiterentwickeln können. Eine solide Einarbeitung und fortlaufende Bildungsmöglichkeiten sind entscheidend, damit ein Mitarbeiter sein volles Potenzial entfalten kann.

Kurz gesagt, die Schwierigkeit, gute Mitarbeiter zu finden, liegt oft weniger an einem Mangel an qualifizierten Personen als vielmehr an der Erwartungshaltung des Unternehmers. Durch die Bereitschaft, Spezialisten einzustellen, die in ihrem Bereich leidenschaftlich und kompetent sind, und durch das Ermöglichen von notwendigen Schulungen können Unternehmen effektiver und zufriedenstellender arbeiten. Das ermöglicht nicht nur eine höhere Qualität der Arbeit, sondern schafft auch ein Umfeld, in dem Mitarbeiter und Unternehmen gemeinsam wachsen können.

Nr. 10 - Wenn ich delegiere, verliere ich den Bezug zur Basis meines Geschäfts

Diese Befürchtung ist unter Selbstständigen und Unternehmensgründern weit verbreitet. Es stimmt, dass die intensive Beschäftigung mit den Grundlagen des eigenen Geschäfts zu Beginn der Selbstständigkeit essenziell ist. In dieser Phase ist es für den Gründer wichtig, ein Proof of Concept zu entwickeln, also zu beweisen, dass das Geschäftsmodell tragfähig ist und ausreichend Umsatz generieren kann, um die Kosten zu decken und weiteres Wachstum zu ermöglichen. Diese Phase bildet das Fundament des Unternehmens.

Sobald dieses Fundament gelegt ist, wird die Delegation von Aufgaben für weiteres Wachstum jedoch unerlässlich. Das bedeutet nicht zwangsläufig, dass der Gründer den Bezug zur Basis des Geschäfts verliert. Es geht vielmehr darum, ein Team aufzubauen, das die täglichen operativen Aufgaben übernimmt und die Basis des Geschäfts pflegt und weiterentwickelt. Währenddessen kann sich der Gründer auf die strategische Ausrichtung und das langfristige Wachstum des Unternehmens konzentrieren.

Das Ziel der Delegation sollte nicht sein, sich vollständig von der Basis zu entfernen, sondern die richtigen Leute für die richtigen Aufgaben zu finden und effektive Kommunikations- und Überwachungssysteme einzurichten. Diese ermöglichen es dem Gründer, weiterhin informiert und involviert zu sein, ohne in das tägliche operative Geschäft eingebunden zu sein.

Ein wichtiger Aspekt dabei ist, dass der Gründer weiterhin eine klare Vorstellung davon hat, wohin er das Unternehmen steuern möchte. Die Führung des Unternehmens erfordert eine Balance zwischen dem Blick fürs Detail und der strategischen Vision. Es ist wichtig, dass der Gründer sowohl die kurzfristigen Bedürfnisse des Unternehmens im Auge behält als auch langfristige Ziele verfolgt.

Zusammenfassend lässt sich sagen, dass das Delegieren von Aufgaben nicht zwangsläufig bedeutet, den Bezug zur Basis des eigenen Geschäfts zu verlieren. Es ist eine notwendige Entwicklung, um das Unternehmen zu skalieren und weiter wachsen zu lassen. Der Schlüssel liegt darin, ein verlässliches Team aufzubauen und gleichzeitig als Gründer die strategische Richtung und das langfristige Ziel des Unternehmens im Auge zu behalten.

Nr. 11 – **Ich muss in allen Bereichen meines Unternehmens erst selbst Experte sein, bevor ich delegiere**

Diese falsche Annahme kann für Selbstständige und Unternehmensgründer eine erhebliche Barriere darstellen. Es ist zwar wahr, dass ein Grundverständnis in Kernbereichen wie Marketing und Vertrieb wesentlich ist, um das Unternehmen sicher durch Krisenzeiten zu bringen, aber das bedeutet nicht, dass man in jedem Bereich eine meisterhafte Expertise entwickeln muss, bevor man delegiert.

Ein tiefgreifendes Verständnis für wichtige Unternehmensbereiche zu entwickeln, ist zweifellos nützlich. Es ermöglicht dem Gründer, in schwierigen Zeiten das Ruder in die Hand zu nehmen und das Unternehmen durch Krisen zu steuern. Ein Beispiel hierfür ist der Bereich Marketing und Sales. Ein Grundverständnis in diesen Bereichen kann dem Gründer helfen, die richtigen Entscheidungen zu treffen und das Unternehmen strategisch auszurichten.

Jedoch sollte es nicht als unbedingte Notwendigkeit gesehen werden, sich in jedem Bereich zu einem Experten zu entwickeln, bevor man Aufgaben delegiert. Beispielsweise könnte es sein, dass ein Gründer nicht das größte Verkaufstalent besitzt. Durch ständige Weiterbildung und persönliche Weiterentwicklung kann er jedoch eine solide Basis schaffen, durch seine individuelle Positionierung Kunden für sein Angebot zu gewinnen. Sobald diese Grundlage vorhanden ist, kann dieser Bereich an eine Person delegiert werden, die effektiv der bessere Verkäufer ist.

Der entscheidende Aspekt hierbei ist, dass die Person, an die delegiert wird, die grundlegenden Prinzipien und Strategien des Gründers übernehmen und mit ihrem eigenen Stil kombinieren kann. Das führt oft zu besseren Ergebnissen, als wenn der Gründer meint, sich in diesem Bereich selbst spezialisieren zu müssen.

Kurz gesagt, es ist nicht erforderlich, in allen Bereichen des Unternehmens ein Experte zu sein, bevor man delegiert. Wichtiger ist es, ein solides Grundverständnis zu haben und zu wissen, wann und wie man Aufgaben effektiv an fähige und spezialisierte Mitarbeiter oder Partner delegiert. Dadurch kann ein Unternehmen wachsen und sich weiterentwickeln und der Gründer sich auf seine Stärken sowie die strategische Führung des Unternehmens konzentrieren.

Nr. 12 - **Mitarbeiter machen nur unnötig viel Arbeit**

Diese Fehlannahme beruht auf der kurzfristigen Betrachtung des Aufwands, der mit der Einstellung und Einarbeitung neuer Mitarbeiter verbunden ist. Es stimmt, dass in der Anfangsphase der Zusammenarbeit mit einem neuen Mitarbeiter ein erheblicher Aufwand entstehen kann, insbesondere wenn es noch keine effizienten, standardisierten und digitalisierten Schulungsprozesse gibt. Diese anfänglichen Anstrengungen dürfen jedoch nicht als dauerhafte Belastung angesehen werden.

Sobald die anfänglichen Herausforderungen der Einarbeitung bewältigt sind, können Mitarbeiter eine enorme Entlastung und Unterstützung für das Unternehmen sein. Neue Mitarbeiter können nach einer gewissen Einarbeitungszeit Aufgaben übernehmen und auf einem zufriedenstellenden Niveau selbstständig ausführen. Die anfängliche Investition von Zeit und Energie in ihre Schulung zahlt sich am Ende dadurch aus, dass sie letztendlich dazu beitragen, den Arbeitsaufwand des Unternehmers zu reduzieren.

Es ist richtig, dass ein Mitarbeiter immer eine Investition darstellt. Diese Investition wird, richtig gehandhabt, einen positiven Return on Investment (ROI) mit sich bringen. Ein gut ausgebildeter und in das bestehende Team integrierter Mitarbeiter wird nicht nur die ihm zugewiesenen Aufgaben erfüllen, sondern auch zur Gesamtentlastung und Effizienzsteigerung des Unternehmens beitragen.

Wenn ein Mitarbeiter tatsächlich mehr Arbeit verursacht als ursprünglich gedacht, ist es notwendig, dass der Unternehmer oder die Führungskraft die Verantwortung übernimmt und durch bessere Schulung, klarere Kommunikation oder Anpassung der Arbeitsprozesse an dieser Stelle ansetzt. Ein effektives Team ist ein entscheidender Faktor für den Erfolg eines Unternehmens. Etliche erfolgreiche Unternehmen mit zahlreichen Mitarbeitern beweisen, dass Mitarbeiter, wenn sie richtig eingesetzt und geführt werden, eine der wichtigsten Ressourcen und nicht nur eine Quelle zusätzlicher Arbeit sind.
Zusammenfassend lässt sich sagen, dass die Einstellung und Einarbeitung von neuen Mitarbeitern zu Beginn zwar einen Mehraufwand bedeutet, der sich aber langfristig für das Unternehmen lohnt. Die anfängliche Investition in neue Mitarbeiter zahlt sich aus, indem sie zur Effizienz und Produktivität des Unternehmens beitragen und dessen Wachstum unterstützen.

Fazit:

»Die Befreiung von Fehlannahmen - Dein Weg zur erfolgreichen Skalierung deines Business«

Insgesamt lässt sich sagen, dass die in diesem Abschnitt besprochenen Fehlannahmen über Delegation nicht nur verbreitete Missverständnisse unter Selbstständigen und Unternehmern darstellen, sondern auch wesentliche Barrieren für das Wachstum und die Skalierung ihres Business sind. Die Herausforderung liegt darin, der Angst, die Kontrolle zu verlieren und die Unternehmensleitung in die Hände anderer zu legen, effektiv zu begegnen. Denn diese Angst ist oft der Hauptgrund, warum Unternehmer nicht das volle Potenzial ihres Geschäfts ausschöpfen können. Aber sie ist, wie wir gesehen haben, meist unbegründet.

Die Sorge, dass Mitarbeiter dem Business schaden, basiert auf einem Mangel an Vertrauen und Verständnis dafür, wie effektive Delegation und Teamführung funktionieren. Halten Selbstständige an diesen Fehlannahmen fest, beschränken sie nicht nur ihre eigene Produktivität und Effektivität, sondern auch die Entwicklungsmöglichkeiten und das Engagement ihrer Mitarbeiter.

Mit der Überwindung dieser Fehlannahmen ist es allein jedoch nicht getan. Es gibt zahlreiche individuelle Hürden und Missverständnisse, die je nach Unternehmer und Geschäftsmodell variieren und ebenfalls das Wachstum und die Skalierung des Unternehmens behindern können. Das Erkennen und Lösen dieser individuellen Blockaden erfordert oft eine tiefergehende Analyse und maßgeschneiderte Strategien.
Wenn du feststellst, dass du Unterstützung benötigst, um diese Hürden zu überwinden und dein Unternehmen auf das nächste Level zu bringen, zögere nicht, professionelle Hilfe in

Anspruch zu nehmen. Unter **theoutperformer.de** kannst du ein Erstgespräch vereinbaren, in dem wir gemeinsam deine spezifischen Herausforderungen angehen und maßgeschneiderte Lösungen entwickeln können. Das ist dein erster Schritt, um nicht nur die Fehlannahmen über Delegation, sondern auch andere Hindernisse zu überwinden, die dich bisher von deinem vollen unternehmerischen Erfolg abgehalten haben.

30 Fehlannahmen über Erfolg, Geld und Wohlstand, die dich davon abhalten, der erste Millionär deiner Familie zu werden

Nachdem wir die stürmischen Gewässer der Fehlannahmen über Delegation, Fokus und Produktivität durchsegelt haben, setzen wir unsere Seefahrt fort und steuern nun in Richtung der offenen See des Erfolgs, des Geldes und des Wohlstands. Wie erfahrene Seefahrer, die sich auf unbekanntes Gewässer wagen, werden wir die Tiefen und Strömungen erkunden, die unsere Vorstellungen von Erfolg und finanzieller Fülle prägen.

Auf dieser Reise wirst du entdecken, dass Widerstand gegenüber Erfolg, Geld und Wohlstand wie ein verborgenes Riff unter der Wasseroberfläche ist, das uns daran hindert, in ruhigere Gewässer zu navigieren. Unsere uns begrenzenden Überzeugungen und Annahmen wirken wie unsichtbare Strömungen, die uns von unserem Kurs abbringen und verhindern, dass wir das wahre Potenzial unseres Unternehmens voll ausschöpfen. Für dich als Kapitän deines Schiffes ist es wichtig, diese verborgenen Hindernisse zu erkennen und zu umschiffen. Du wirst lernen, wie du deine Einstellung zu Geld und Erfolg ändern und so Kurs auf mehr Wohlstand und Erfüllung nehmen kannst. Geld und Erfolg sind wie der weite Ozean - reich und grenzenlos. Aber nur, wenn wir unsere mentalen Barrieren überwinden, können wir diese Fülle auch tatsächlich erfahren.

Ich lade dich ein, diese Reise selektiv zu unternehmen. Wähl die Themen und Fehlannahmen aus, die für dich und deine aktuelle Situation am relevantesten sind. Ob es sich um tiefsitzende Geldglaubenssätze, Mythen über den Erfolg oder falsche Vorstellungen von Wohlstand handelt, jede Entdeckung und Korrektur dieser Annahmen wird deine Fahrt über das offene Meer des Lebens und des Geschäfts entscheidend beeinflussen.

Setz also die Segel und mach dich für dieses spannende Vorhaben bereit. Mit jedem Mythos, den du hinter dir lässt, tun sich neue Horizonte für dich auf. Lass uns gemeinsam die Geheimnisse und Schätze entdecken, die auf dieser Reise zu Erfolg, Geld und Wohlstand auf dich warten.

Nr. 1 - Ich verdiene keinen Erfolg oder Wohlstand

Diese Fehlannahme ist wie ein Schatten, der auf die Landschaft deines unternehmerischen Geistes fällt. Sie basiert auf der falschen Vorstellung, dass Erfolg und Wohlstand eine Frage der Berechtigung, des Glücks oder gar eines geheimnisvollen Verdienstes seien. Lass uns diesen Nebel lichten und erkennen, dass Erfolg und Wohlstand vielmehr das Ergebnis eines konkreten Prozesses sind - eines Prozesses, der Mehrwert schafft.

Denk an Erfolg und Wohlstand wie an eine Ernte. Du als Unternehmer bist der Landwirt. Der Samen, den du säst, ist der Mehrwert, den du schaffst. Dieser Samen wächst und gedeiht, wenn er auf fruchtbaren Boden fällt - zum Beispiel, wenn dein Angebot ein echtes Problem löst. Der Mehrwert ist das Wasser und das Sonnenlicht, das dein Angebot benötigt, um zu wachsen und reiche Früchte zu tragen. Die Größe des Problems, das du löst, bestimmt die Größe der Ernte. Je bedeutender das Problem ist, desto größer ist der Wert, den du schaffst, und umso reicher wird die Ernte in Form von Wohlstand und Erfolg sein.

Es ist wichtig zu erkennen, dass jeder von uns in der Lage ist, Probleme zu lösen. Das hast du in deinem Leben bereits getan, und genau das hat dich dorthin gebracht, wo du heute stehst. Im Business geht es darum, dieses Problemlösungsverhalten einem Markt oder einer Zielgruppe anzubieten, die bereit ist, für diese Lösungen zu bezahlen. Du verdienst Erfolg und Wohlstand nicht, weil du ein Recht darauf hast oder weil du Glück hast. Du verdienst es, weil du dich entscheidest, einen Mehrwert zu schaffen, indem du Probleme löst, wofür Menschen wiederum bereit sind, Geld zu bezahlen.

Die Fähigkeit, Mehrwert zu schaffen, ist nicht immer angeboren. Sie entwickelt sich durch Lernen, Üben und das ständige Streben nach Verbesserung. Selbst wenn du jetzt noch nicht das Gefühl hast, diese Fähigkeit vollständig zu besitzen, ist es die Bereitschaft, zu lernen und zu wachsen, die den Unterschied ausmacht. Es ist wie beim Pflanzen eines Baumes - du musst nicht der beste Gärtner sein, um anzufangen. Aber du musst bereit sein zu lernen, wie man gießt, düngt und pflegt, um schließlich die Früchte zu ernten.

Kurzum, Erfolg und Wohlstand sind nicht das Produkt von Berechtigung oder Glück, sondern die natürliche Konsequenz von echtem Mehrwert. Sie sind die Belohnung für das Lösen von Problemen und das Schaffen von etwas, das für andere von Bedeutung ist. Jeder, der bereit ist, diesen Weg zu gehen, verdient Erfolg und Wohlstand - auch du.

Nr. 2 - Erfolgreiche Menschen hatten einfach nur Glück

Die Annahme, dass erfolgreiche Menschen einfach nur Glück hatten, ist wie das Betrachten der Spitze eines Eisbergs. Man sieht das Glück, aber nicht den massiven Teil unter der Wasseroberfläche - die harte Arbeit, die Vorbereitung und die Ausdauer.

Beim Streben nach Erfolg spielt Glück in der Tat eine gewisse Rolle. Es ist wie das Zufallsprinzip: Manchmal bist du zur richtigen Zeit am richtigen Ort. Aber dieser Moment des Glücks ist nur ein kleiner Teil einer viel größeren Geschichte. Stell dir Glück wie eine sich öffnende Tür vor. Sie mag sich zwar zufällig öffnen, aber es ist die Vorbereitung, die bestimmt, ob du durch diese Tür gehen kannst oder nicht.

Der Spruch »Vorbereitung trifft auf Gelegenheit« fasst das Konzept perfekt zusammen. Erfolgreiche Menschen sind ständig in Bewegung, sie bilden sich weiter, entwickeln neue Fähigkeiten und nutzen die Möglichkeiten, die sich ihnen bieten. Sie verstehen, dass die Gelegenheit allein nicht ausreicht, sondern dass ihre Bereitschaft, diese zu ergreifen und zu nutzen, den Unterschied ausmacht.

Die Vorbereitung ist auch kein kurzes Ereignis, sondern ein fortlaufender Prozess, ein stetiges Anhäufen von Wissen, Fähigkeiten und Erfahrungen. Wenn dann der individuell passende Moment kommt, sind diese Menschen bereit, ihn mit beiden Händen zu ergreifen. Der Moment mag von außen wie ein plötzliches Glück erscheinen, aber er ist in Wirklichkeit das Ergebnis einer langen und oft nicht nach außen hin sichtbaren Vorbereitungszeit.

Nachhaltiger Erfolg ist das Ergebnis dieser wiederholten Zyklen von Vorbereitung und Gelegenheitsergreifung. Erfolgreiche Menschen ruhen sich nicht auf einer Gelegenheit aus. Sie nutzen den Schwung, um weiterzumachen, neue Fähigkeiten zu entwickeln und sich auf die nächste Gelegenheit aktiv vorzubereiten. Sie wissen, dass Glück flüchtig ist, aber Vorbereitung und Hartnäckigkeit den Erfolg langfristig sichern.

Zusammenfassend lässt sich sagen, dass erfolgreiche Menschen vielleicht zu einem gewissen Grad Glück hatten, aber ihr wahrer Erfolg darin liegt, Gelegenheiten erkennen und nutzen zu können. Sie sind die Architekten ihres eigenen Glücks, und ihr Erfolg ist das Gebäude, das sie nach unzähligen Stunden der Vorbereitung und harter Arbeit errichtet haben.

Nr. 3 – Man muss skrupellos sein, um reich zu werden

Diese Fehlannahme gleicht einem trügerischen Spiegelbild, das uns von Medien und Kultur oft vorgehalten wird. Es zeigt uns reiche Menschen als skrupellose Charaktere, ähnlich wie in den Filmen »Titanic«, »The Wolf of Wall Street« oder »Spider-Man«, wo Reichtum häufig mit Gier und Kaltherzigkeit gleichgesetzt wird. Diese Darstellung prägt das öffentliche Bild und führt zu der Überzeugung, dass man unmoralisch handeln muss, um Reichtum zu erlangen.

Doch in Wirklichkeit ist das Bild weitaus komplexer und facettenreicher. Die Art und Weise, wie du ein Unternehmen aufbaust, spiegelt deine persönlichen Werte wider. Du hast die Wahl: Möchtest du ein Unternehmen auf der Basis von Werten wie Integrität, Fairness und Respekt gründen oder willst du dich auf zweifelhafte Praktiken stützen, die letztlich nicht zu deinen eigenen Überzeugungen passen?

Die Wahrheit ist, dass viele erfolgreiche Unternehmer und Geschäftsleute ihren Reichtum auf nachhaltige und ethische Weise aufgebaut haben. Sie sind der Beweis dafür, dass Integrität und finanzieller Erfolg kein Widerspruch sein müssen. Diese

Personen haben verstanden, dass echter und dauerhafter Erfolg auf gegenseitigem Respekt, ehrlichen Geschäftspraktiken und einem Beitrag zum allgemeinen Wohl basiert. Natürlich gibt es, wie in jedem Bereich des Lebens, auch in der Geschäftswelt sogenannte schwarze Schafe, Individuen oder Organisationen, die durch unethische oder skrupellose Praktiken auffallen. Sie mögen auf den ersten Blick erfolgreich erscheinen, indem sie kurzfristige Gewinne oder markante Vorteile erzielen, aber ihre Methoden stehen oft im starken Gegensatz zu den Prinzipien der Integrität und Nachhaltigkeit.

Diese schwarzen Schafe tragen dazu bei, dass das Stereotyp des aufgrund von Skrupellosigkeit erlangten Reichtums weiter existiert. Sie sind die Ausnahmen, die oft in den Medien hervorgehoben werden und somit leider ein verzerrtes Bild des Unternehmertums prägen. Ihre Geschichten mögen sensationell und auffällig sein, aber sie spiegeln nicht die Realität der meisten erfolgreichen Unternehmer wider, die ihren Reichtum durch harte Arbeit, Innovation und ethische Geschäftspraktiken aufgebaut haben.

Es ist wichtig zu wissen, dass diese schwarzen Schafe zwar existieren, aber nicht die Norm darstellen. Sie sollten nicht als Vorlage oder Maßstab für echten Erfolg angesehen werden. Wahrer Reichtum und Erfolg sind das langfristige Ergebnis ehrlicher Arbeit, gegenseitigen Respekts und eines Beitrags zum allgemeinen Wohl. Das ist der Weg, den viele angesehene und erfolgreiche Geschäftsleute gegangen sind, und es steht jedem offen, ihnen zu folgen und sich für diese Prinzipien ebenfalls einzusetzen.

Reichtum ist vergleichbar mit einem Baum. Es ist möglich, ihn schnell wachsen zu lassen, indem man fragwürdige Düngemittel verwendet, die den Boden vergiften können. Aber es ist auch möglich, den Baum mit Geduld, Sorgfalt und nachhaltigen Methoden zu pflegen. Dieser Baum wird nicht nur festere Wurzeln schlagen und gesünder wachsen, sondern auch eine Umgebung schaffen, die wiederum anderen Pflanzen und Lebewesen zugutekommt.

Es ist daher wichtig, dass du dich fragst: Welche Art von Geschäft möchte ich aufbauen? Eines, das kurzfristige Gewinne auf Kosten anderer erzielt, oder eines, das langfristig einen Wert für die Gemeinschaft schafft und dabei auch wirtschaftlichen Erfolg erzielt?

Zusammenfassend lässt sich sagen, dass Skrupellosigkeit nicht zu wahrem Reichtum führt. Vielmehr ist es das Bekennen zu ethischen Prinzipien und persönlichen Werten, die einen dauerhaften und respektierten Erfolg ermöglichen. Wahre Größe im Geschäftsleben misst sich deshalb nicht nur am Kontostand, sondern auch am positiven Einfluss, den man auf die Welt hat.

Nr. 4 - **Man muss Geld haben, um Geld zu verdienen**

Diese Fehlannahme ist vergleichbar mit der Idee, dass man ein fertiges Haus haben müsse, um Architekt zu werden. In Wirklichkeit beginnt das Vorhaben mit kleineren Bausteinen. Es stimmt, dass einige Geschäftsmodelle ein gewisses Startkapital erfordern, besonders wenn es um die Produktentwicklung oder den Aufbau einer Infrastruktur geht. Aber es gibt ebenso viele Wege, die ohne großes Anfangskapital beschritten werden können, insbesondere im Dienstleistungssektor.

Dienstleistungen bieten eine einzigartige Gelegenheit, mit einem geringen finanziellen Aufwand anzufangen. Hier investierst du vor allem deine Zeit und dein Wissen. Stell dir vor, du hast ein leeres Blatt Papier und einen Stift - deine Kreativität und deine Fähigkeiten sind deine Hauptressourcen. Du bietest etwas Wertvolles an, das auf deinen persönlichen Fähigkeiten und Erfahrungen basiert. Das könnte Beratung, Coaching, Design oder eine andere Form von Service sein, bei dem deine persönliche Expertise und Zeit das Hauptkapital darstellen.

Der Start mit einem Dienstleistungsunternehmen hat den zusätzlichen Vorteil, dass du dabei die Grundlagen des Unternehmertums erlernst. Du entwickelst Fähigkeiten in Kundenakquise, Marketing, Preisgestaltung und Kundenmanagement. Diese Fähigkeiten sind universell und wertvoll, egal in welchem Geschäftsbereich du später tätig sein möchtest.

Wenn du dich dann entscheidest, zu kapitalintensiveren Geschäftsmodellen zu wechseln, bist du bereits mit einem soliden Fundament an Erfahrung und Geschäftssinn ausgestattet. Diese Erfahrungen ermöglichen es dir, schneller und effektiver zu agieren, da du nicht bei null anfangen musst. Du weißt bereits, wie man ein Geschäft führt, Kunden gewinnt und ein Netzwerk aufbaut.

Zusammenfassend lässt sich sagen, dass der Weg zu finanziellem Erfolg nicht unbedingt mit einem großen Kapital beginnen muss. Dienstleistungen sind ein Ausgangspunkt, an dem du mit deinem Wissen und deiner Zeit startest. Dieser Weg ermöglicht es dir, die notwendigen Geschäftspraktiken zu erlernen und Erfahrungen zu sammeln, die bei zukünftigen kapitalintensiveren Vorhaben von unschätzbarem Wert sein können. Wie das Sprichwort sagt: »Es ist nicht der Start, der zählt, sondern die Reise und das, was du auf dem Weg lernst.«

Nr. 5 - **Man kann nicht gleichzeitig ethisch handeln und viel Geld verdienen**

Diese Fehlannahme ist vergleichbar mit der Meinung, dass ein Schiff nicht gleichzeitig schnell und sicher sein kann. In Wahrheit ist es eine Frage der Konstruktion und Navigation. Es liegt also in der Hand des Unternehmers, sein Geschäft so aufzubauen, dass es sowohl ethisch als auch finanziell erfolgreich ist.

Wir haben bereits festgestellt, dass der Aufbau eines Unternehmens eine Reflexion der eigenen Werte und Ethik ist. Wenn du mit Herzblut und Überzeugung hinter deiner Tätigkeit stehst, kreierst du ein Geschäftsmodell, das nicht nur profitabel, sondern auch ethisch ist. Diese Art von Authentizität und Integrität zieht Menschen an, die diese Werte teilen und bereit sind, für Dienstleistungen oder Produkte, die diesen Standards entsprechen, zu bezahlen.

Aus meiner eigenen Erfahrung als Autor und Unternehmer und aus den Begegnungen mit zahlreichen anderen Unternehmern, die Millionäre oder sogar Multimillionäre sind, kann ich absolut bestätigen, dass es möglich ist, ethisch zu handeln und gleichzeitig viel Geld zu verdienen. Diese Unternehmer haben bewiesen, dass ethisches Handeln und finanzieller Erfolg einander nicht ausschließen, sondern sich gegenseitig verstärken können.

Ein ethisch geführtes Unternehmen setzt auf Vertrauen, Respekt und Fairness. Es baut eine starke, loyale Kundenbasis auf und beschäftigt Mitarbeiter, die engagiert und motiviert sind. Diese Unternehmen investieren oft in nachhaltige Praktiken, unterstützen soziale Projekte oder fördern einen fairen Handel, was wiederum eine positive Markenwahrnehmung und treue Kunden mit sich bringt.

Die Verknüpfung von Ethik und Profit mag manchmal herausfordernd sein, aber sie fördert auch die Suche nach innovativen Lösungen und kreatives Denken. Die Herausforderung animiert Unternehmer, Wege zu finden, wie sie sowohl ihre finanziellen Ziele erreichen als auch positive Beiträge zur Gesellschaft und Umwelt leisten können.

Zusammenfassend lässt sich sagen, dass ethisches Handeln und finanzieller Erfolg nicht nur vereinbar, sondern auch wünschenswert sind. Ein ethisch geführtes Unternehmen steht auf einem soliden Fundament und ist langfristig nachhaltiger und widerstandsfähiger gegenüber Krisen. Es zeigt, dass man erfolgreich sein kann, ohne seine Werte zu kompromittieren, und dass man durch ethisches Handeln einen positiven Einfluss auf die Welt haben kann.

Nr. 6 – Viel Geld zu wollen, ist gierig oder selbstsüchtig

Diese Fehlannahme gleicht der Vorstellung, dass das Wasser eines Flusses, der über die Ufer tritt, zwangsläufig zerstörerisch sein muss. In Wirklichkeit hängt die Wirkung des Wassers davon ab, wie und wohin es geleitet wird. Ähnlich verhält es sich mit dem Wunsch nach viel Geld. Es ist nicht der Wunsch an sich, der einen gierig oder selbstsüchtig erscheinen lässt, sondern es sind die Absichten und Handlungen, die mit dem Einsatz des Geldes verbunden sind.

Die Annahme, dass das Streben nach finanziellem Reichtum automatisch mit Verschwendung und Egoismus einhergeht, ist eine vereinfachte Sichtweise. In der Realität gibt es viele Menschen, die ihr großes Vermögen nutzen, um Positives in der Welt zu bewirken. Sie investieren in Bildung, Gesundheitswesen, Umweltschutz oder unterstützen soziale Projekte. Ihre Intention ist es, das Geld als Werkzeug für Gutes einzusetzen. Wenn du das Ziel hast, mit einem großen Geldbetrag etwas Gutes in der Welt zu bewirken, dann ist das ein altruistischer und ehrenwerter Wunsch. Geld wird in diesem Fall zu einer Investition in Wohltätigkeit und sozialen Fortschritt.

Es liegt in der Verantwortung jedes Einzelnen, wie er sein Geld einsetzt. Geld an sich ist neutral - es ist die Handlung des Menschen, die ihm einen positiven oder negativen Wert verleiht. Wenn du also das Ziel hast, Reichtum zu erlangen, um damit Gutes zu tun, dann ist das ein lobenswertes Bestreben. Es zeigt, dass Geld in den Händen einer verantwortungsbewussten Person ein mächtiges Werkzeug für den Wandel zum Positiven sein kann.

Zusammenfassend lässt sich sagen, dass der Wunsch nach viel Geld nicht automatisch von Gier oder Selbstsucht zeugt. Es hängt vielmehr von der Intention und den Handlungen des Einzelnen ab, wie ein großes Vermögen eingesetzt wird. Geld kann ein mächtiges Mittel sein, um positive Veränderungen in der Welt zu bewirken, wenn es mit der richtigen Absicht ausgegeben wird.

Nr. 7 – **Beim Streben nach Reichtum bleibt nur wenig Zeit für alles andere im Leben**

Diese Fehlannahme ähnelt dem Glauben, dass Menschen, die auf Schatzsuche sind, zwangsläufig alle anderen schönen Orte um sich herum ausblenden. In Wirklichkeit hängt es vom Weg selbst und der Planung der Reise ab, wie viel anderes noch wahrgenommen wird. Genauso ist es mit dem Streben nach Reichtum: Ob du Zeit für andere Dinge in deinem Leben hast, hängt davon ab, wie du deine Reise gestaltest.
Der Schlüssel liegt in der Priorisierung und der bewussten Gestaltung deines Lebens. Einige Menschen, die nach Reichtum streben, konzentrieren sich so sehr auf dieses Ziel, dass sie andere Lebensbereiche vernachlässigen. Das kann zu einem Ungleichgewicht führen, bei dem Karriere und finanzieller Erfolg zu Lasten der Familie, Freizeit und des persönlichen Wohlbefindens gehen.

Auf der anderen Seite gibt es Menschen, die es schaffen, nach Reichtum zu streben und dennoch ein ausgeglichenes Leben zu führen. Sie setzen Prioritäten, die nicht nur ihre finanziellen

Ziele berücksichtigen, sondern auch andere wichtige Lebensbereiche wie Gesundheit, Beziehungen und persönliche Entwicklung.

Der Unterschied zwischen diesen beiden Gruppen liegt in der bewussten Entscheidung und Planung. Es geht darum, zu entscheiden, was im Leben wirklich wichtig ist und wie man sein Leben entsprechend gestalten möchte. Es ist möglich, sowohl finanziell erfolgreich zu sein als auch Zeit für Familie, Hobbys und persönliches Wachstum zu haben. Dazu gehört auch, Aufgaben zu delegieren, effizient zu arbeiten und Grenzen zu setzen, um sicherzustellen, dass nicht ein Bereich des Lebens alle anderen dominiert.

Zusammenfassend lässt sich sagen, dass das Streben nach Reichtum nicht automatisch bedeutet, dass für andere Lebensbereiche keine Zeit mehr übrig bleibt. Es hängt von der individuellen Gestaltung des eigenen Lebens ab, wie die zeitlichen Ressourcen eingesetzt werden. Durch kluge Planung, Priorisierung und die Übernahme von Verantwortung für das eigene Leben kann man finanziellen Erfolg erreichen, ohne andere wichtige Aspekte des Lebens zu vernachlässigen. Es ist eine Frage der Balance und der bewussten Entscheidung, wie man leben möchte.

Nr. 8 - **Große Investitionen sind die einzige Möglichkeit, um mein Geschäft zu erweitern**

Diese Fehlannahme ist wie der Glaube, dass man nur mit einem großen Boot auf hoher See fischen könne, obwohl man auch mit einem kleinen, wendigen Boot erfolgreich sein kann. In der Geschäftswelt ist es nicht immer notwendig, massive Investitionen zu tätigen, um ein Unternehmen zu erweitern. Auch kleine Investitionen können bereits erhebliche Auswirkungen haben.

Ein gutes Beispiel hierfür ist das Schalten von profitablen Werbeanzeigen. Schon mit einem relativ geringen Budget können effektive Kampagnen gestartet werden, die viele qualifizierte Anfragen generieren. Diese Anfragen können dann in signifikante Umsätze umgewandelt werden, was wiederum die Grundlage für das Wachstum und die Skalierung des Geschäfts bildet - und das alles mit einer überraschend kleinen Anfangsinvestition.

Darüber hinaus zeigt die Erfahrung von Selfmade-Millionären, die ohne großes Startkapital begonnen haben, dass es möglich ist, auch mit geringen Mitteln erfolgreich zu sein. Diese Unternehmer haben oft von Grund auf angefangen und ihre Unternehmen durch kluge Entscheidungen, harte Arbeit und effektive Strategien aufgebaut. Ihre Geschichten belegen, dass nicht allein das Kapital, sondern ebenso Kreativität, Entschlossenheit und die Fähigkeit, Chancen zu nutzen, für den Erfolg entscheidend sind.

Die Tatsache, dass andere bereits auf diese Weise erfolgreich waren, sollte als Inspiration und Beweis dafür dienen, dass es auch für dich möglich ist. Die Frage ist nicht, ob es funktionieren kann, sondern wie du es umsetzen kannst, sodass es funktioniert. Durch kluges Handeln, die richtige Strategie und die Bereitschaft, Chancen zu ergreifen, kannst du dein Geschäft auch mit begrenzten Mitteln erweitern und erfolgreich sein.

Zusammenfassend lässt sich sagen, dass große Investitionen nicht der einzige Weg sind, ein Geschäft zu erweitern. Kleine, kluge Investitionen können ebenfalls einen großen Einfluss haben. Der Schlüssel liegt darin, die richtigen Möglichkeiten zu erkennen und zu nutzen und sich von den Erfolgsgeschichten anderer inspirieren zu lassen, die mit wenig begonnen und dennoch Großes erreicht haben.

Nr. 9 – Wenn ich erfolgreich bin, werden mich andere beneiden oder hassen

Diese Fehlannahme gleicht der Vorstellung, dass jeder, der einen Berg erklimmt, automatisch dem Neid oder der Missgunst von den im Tal Gebliebenen ausgesetzt sei. In Wirklichkeit reagieren Menschen unterschiedlich auf den Erfolg anderer.

Es lässt sich im Leben nicht immer vermeiden, dass es Menschen gibt, die dich aufgrund deines Erfolges beneiden oder hassen, unabhängig davon, wie erfolgreich du deiner eigenen Meinung nach bist. In jeder Gesellschaft gibt es ein Spektrum an Reichtum und Erfolg: Es wird immer Menschen geben, die weniger haben als du, aber auch solche, die mehr haben. Wenn jemand weniger hat, besteht die Möglichkeit, dass er dir gegenüber Neid oder sogar Missgunst empfindet, weil er nicht das erreicht hat oder glaubt erreichen zu können, was du erreicht hast.

Es stellt sich die Frage, wie du darauf reagierst. Lässt du zu, dass der Neid oder Hass anderer dich in deinem Streben nach Erfolg beeinträchtigt? Erlaubst du diesen negativen Stimmen, dich zu limitieren oder deinen Fortschritt aufzuhalten? Es ist wichtig, dich darauf zu konzentrieren, was für dich und deine Ziele richtig ist, anstatt dich von der Meinung anderer beeinflussen zu lassen.

Erfolg bringt nicht nur Herausforderungen in Form von Neid oder Missgunst mit sich, sondern auch Verantwortung und die Möglichkeit, als Vorbild zu dienen. Für jede Person, die dich beneidet oder hasst, gibt es andere, die von deinem Erfolg inspiriert und motiviert werden. Diese Personen sehen in dir ein Beispiel dafür, was möglich ist, und werden dadurch ermutigt, ihre eigenen Ziele zu verfolgen.

Zusammenfassend lässt sich sagen, dass der eigene Erfolg bei anderen zu unterschiedlichen Reaktionen führt. Es ist wichtig, sich nicht vom Neid oder Hass anderer beeinflussen zu lassen, sondern sich auf die eigenen Ziele und Werte zu konzentrieren. Erfolg sollte als Gelegenheit gesehen werden, etwas Positives zu bewirken und andere zu inspirieren, anstatt sich von negativen Stimmen einschränken zu lassen.

Nr. 10 – **Ich habe nicht das richtige Netzwerk oder die richtigen Verbindungen**

Diese Fehlannahme ist vergleichbar mit der Vorstellung, dass man nur an einem großen Flughafen gut durchstarten könne, während in Wirklichkeit auch kleinere Flughäfen Startbahnen für erfolgreiche Starts bieten. Ein starkes Netzwerk und gute Verbindungen können zweifellos hilfreich sein, aber sie sind nicht zwingend notwendig für Erfolg.

Es stimmt, dass ein gut etabliertes Netzwerk Türen öffnen kann. Diese Verbindungen können wertvolle Chancen, Ressourcen, Beratung und Unterstützung bieten. Doch die Annahme, dass man ohne das richtige Netzwerk oder die richtigen Verbindungen nicht erfolgreich sein kann, lässt die unzähligen Beispiele von Menschen, die ohne solche Vorteile erfolgreich wurden, vollkommen außer Acht.

Erfolg basiert oft auf Beharrlichkeit, Innovation, Talent und harter Arbeit. Es gibt zahlreiche Geschichten von Menschen, die ganz unten angefangen und ohne einflussreiche Kontakte oder ein etabliertes Netzwerk Erfolge erzielt haben. Diese Personen haben sich ihre eigenen Netzwerke aufgebaut, indem sie aktiv Kontakte geknüpft, ihre Fähigkeiten und Dienstleistungen angeboten und sich einen Namen gemacht haben.

Darüber hinaus zeigen viele Fälle, dass das bloße Vorhandensein eines starken Netzwerks oder einflussreicher Verbindungen nicht automatisch zu Erfolg führt. Es gibt Beispiele von Menschen, die alle richtigen Kontakte hatten, aber nicht erfolgreich waren, weil ihnen andere Schlüsselkomponenten wie Engagement, Innovationsgeist oder die Fähigkeit zur Umsetzung fehlten.

Zusammenfassend lässt sich sagen, dass ein Netzwerk und Verbindungen zwar hilfreich sein können, aber nicht die einzigen Faktoren für Erfolg sind. Echte Erfolge sind oft das Ergebnis persönlicher Anstrengungen und der Fähigkeit, sich anzupassen und zu lernen. Jeder, unabhängig von seinem aktuellen Netzwerk oder seinen Verbindungen, hat das Potenzial, Erfolg zu erzielen, indem er seinen eigenen Weg geht, die notwendigen Fähigkeiten entwickelt und Beziehungen aufbaut.

Nr. 11 – **Ich brauche einen hohen Abschluss oder mehr Zertifikate, um erfolgreich zu sein**

Diese Annahme beruht auf der Idee, dass formale Bildung und Zertifikate die Hauptpfeiler des Erfolgs seien. Während Abschlüsse oder Zertifikate nützlich sein können, um bei deiner Zielgruppe Vertrauen in deine Expertise aufzubauen oder bestimmte Fähigkeiten wie Durchhaltevermögen oder analytisches Denken auszuweisen, sind sie gleichzeitig keine Garantie für den geschäftlichen Erfolg.

In der Realität musst du dich bei jedem Kunden erneut beweisen, unabhängig von deinen bisherigen Erfahrungen, Abschlüssen oder Zertifikaten. Jeder Kunde stellt eine neue Herausforderung dar, und du musst zeigen, dass du auch ihm helfen kannst. Eine erfolgreiche Kundenbeziehung hängt oft mehr von deiner Fähigkeit ab, auf die spezifischen Bedürfnisse und Probleme des Kunden einzugehen und effektive Lösungen anzubieten, als von deinen formalen Qualifikationen.

Für viele digitale Geschäftsmodelle sind formale Abschlüsse oder Zertifikate nicht zwingend erforderlich. Was zählt, sind praktische Fähigkeiten, Kreativität, Anpassungsfähigkeit und die Fähigkeit, Mehrwert zu bieten. Natürlich gibt es Branchen oder Berufsfelder, in denen formale Qualifikationen und Zertifikate gesetzlich vorgeschrieben sind oder als Standard gelten. In diesen Bereichen sind sie unerlässlich, um überhaupt tätig werden zu dürfen.

Zusammenfassend lässt sich sagen, dass ein hoher Abschluss oder zusätzliche Zertifikate zwar hilfreich sein können, aber nicht die einzigen Voraussetzungen für Erfolg sind. Erfolg basiert oft auf praktischen Fähigkeiten, Engagement, der Fähigkeit, Kundenbedürfnisse zu verstehen und zu erfüllen, und dem Talent, sich einem ständig verändernden Markt anzupassen.

Nr. 12 - **Der Markt ist zu gesättigt für meinen Erfolg**

Die Annahme, dass ein gesättigter Markt keinen Raum für neuen Erfolg biete, übersieht wichtige Aspekte des Wettbewerbs und der Marktdynamik. Ein Markt mit vielen Mitbewerbern ist oft ein Zeichen dafür, dass in diesem Bereich ein erfolgreiches Geschäft möglich ist. Die Präsenz vieler Akteure kann ein Indikator für eine starke Nachfrage und das Potenzial profitabler Geschäfte sein.

Das Erscheinen neuer Angebote und das kontinuierliche Hinzukommen von Mitbewerbern weisen darauf hin, dass der Markt lebendig ist und wächst. Im Gegensatz dazu kann ein Markt mit abnehmender Konkurrenz darauf hindeuten, dass das Interesse oder die Profitabilität nachlässt, und ein Warnsignal sein.

In einem gesättigten Markt liegt der Schlüssel zum Erfolg in der Differenzierung und der Fähigkeit, etwas Einzigartiges oder Besseres anzubieten. Es geht darum, sich von der Konkurrenz abzuheben, sei es durch höhere Qualität, innovativere Lösungen oder herausragenden Kundenservice. Es ist wichtig, sich zu fragen: »Was kann ich anders oder besser machen, um meinen Anteil am Markt zu sichern?«

Wenn du Schwierigkeiten hast, dich in einem Markt zu etablieren, liegt der Fokus auf der Entwicklung deiner Fähigkeiten, Aufmerksamkeit zu erregen und diese effektiv zu nutzen. Du musst lernen, dich überzeugend zu präsentieren, effektiv zu vermarkten und zu verkaufen. In vielen Märkten gibt es zwar viele Mitbewerber, aber nur wenige heben sich wirklich von der Konkurrenz ab. Durch eine gründliche Marktforschung und strategische Planung kannst du Bereiche identifizieren, in denen du dich verbessern und so die Konkurrenz übertreffen kannst.

Zusammenfassend lässt sich sagen, dass ein gesättigter Markt nicht unbedingt ein Hindernis für den Erfolg ist. Wenn du in der Lage bist, dich effektiv zu positionieren und deine Fähigkeiten im Marketing und Verkauf zu verbessern, kann er vielmehr eine echte Chance bieten. Mit der richtigen Strategie und einem einzigartigen Angebot kannst du auch in einem wettbewerbsintensiven Markt erfolgreich sein.

Nr. 13 - Ich muss mein Produkt oder meine Dienstleistung unter Wert verkaufen, um konkurrenzfähig zu sein

Diese Annahme basiert auf der Idee, dass niedrigere Preise automatisch zu höherer Wettbewerbsfähigkeit führen. Aber die Preisgestaltung sollte sorgfältig durchdacht sein und sich an der Positionierung deines Unternehmens am Markt orientieren. Es ist entscheidend, wie du wahrgenommen werden möchtest - als Anbieter von Billigprodukten oder als Premiummarke.

Die Etablierung als Premiumanbieter kann langfristig vorteilhafter sein. Ein Beispiel hierfür ist Apple. Die Herstellungskosten der Apple-Produkte sind nicht unbedingt exorbitant hoch, aber durch effektives Branding und Marketing hat Apple es geschafft, eine Marke zu werden, die für mehr als nur die physischen Produkte steht. Apple verkauft ein Lebensgefühl, Innovation und Exklusivität, was die Kunden bereitwillig einen höheren Preis zahlen lässt.

Höhere Preise vermitteln oft ein Gefühl der Exklusivität und können den emotionalen Wert eines Produktes oder einer Dienstleistung steigern. Kunden, die nach Qualität und Prestige suchen, bezahlen häufig mehr, wenn sie davon überzeugt sind, dass der höhere Preis gerechtfertigt ist. Das bedeutet, dass du dich nicht unbedingt im Niedrigpreissegment ansiedeln musst, um erfolgreich zu sein.

Es ist wichtig, eine Preisstrategie zu entwickeln, die den Wert deines Angebots widerspiegelt und gleichzeitig deine Zielgruppe anspricht. Das bedeutet, dass du eine Premium-Preisstrategie verfolgst, die auf Qualität, Service und einzigartigem Wert basiert. Indem du dich als Premiumanbieter positionierst, kannst du dich von der Konkurrenz abheben und Kunden anziehen, die bereit sind, für eine höhere Qualität und einen besseren Service auch mehr zu bezahlen.

Zusammenfassend lässt sich sagen, dass es nicht notwendig ist, Produkte oder Dienstleistungen unter Wert zu verkaufen, um konkurrenzfähig zu sein. Eine sorgfältige Positionierung und Preisstrategie, die Qualität und Wert betonen, können zu größerem Erfolg führen und Kunden anziehen, die bereit sind, für die von dir angebotene Exklusivität und Qualität entsprechend zu zahlen.

Nr. 14 - **Geld zu investieren ist zu riskant**

Die Annahme, dass Investitionen grundsätzlich zu riskant seien, ist vergleichbar mit der Vorstellung, dass man nie das Haus verlassen sollte, weil draußen Gefahren lauern könnten. Es ist unbestritten, dass Investitionen mit Risiken verbunden sind, aber es ist ebenfalls riskant, keine Investitionen zu tätigen - besonders wenn man langfristig über die eigene finanzielle Zukunft nachdenkt.

In Wirklichkeit kann das Vermeiden von Investitionen und das Festhalten an einem traditionellen Nine-to-five-Job bis zum Rentenalter riskanter sein. Viele Menschen stehen am Ende ihrer Karriere vor der Herausforderung, dass ihre Rentenansprüche nicht ausreichen, um den gewohnten Lebensstandard aufrechtzuerhalten. Geld, das nicht investiert wird, verliert über die Zeit durch Inflation an Wert, während gut durchdachte Investitionen das Potenzial haben, zu wachsen und langfristig ein finanzielles Polster zu schaffen.

Das Investieren von Geld ist nicht nur eine Frage des Risikos, sondern auch eine Möglichkeit, wertvolle Erfahrungen zu sammeln. Diese Erfahrungen können dazu beitragen, Fähigkeiten zu entwickeln, das eigene Vermögen langfristig zu vermehren. Die Bereitschaft, kalkulierte Risiken einzugehen, spielt auf dem Weg zu finanzieller Unabhängigkeit und Sicherheit eine wichtige Rolle.

Kalkulierte Risiken einzugehen bedeutet, gut informierte Entscheidungen zu treffen. Es geht darum, zu verstehen, in was man sein Geld investiert, die Marktlage zu analysieren und diversifizierte Anlagestrategien zu verfolgen. Investitionen sollten immer im Rahmen einer wohlüberlegten finanziellen Planung und unter Berücksichtigung der individuellen Risikotoleranz getätigt werden.

Zusammenfassend lässt sich sagen, dass das Vermeiden von Investitionen aufgrund eines möglichen Risikos ein kurzsichtiger Ansatz ist, der langfristige finanzielle Ziele gefährden kann. Investitionen sind immer mit einem gewissen Risiko verbunden, aber sie bieten auch die Möglichkeit, Vermögen aufzubauen und finanzielle Sicherheit zu erlangen. Durch kalkulierte Risiken und eine fundierte Anlagestrategie kann man dieses Potenzial nutzen.

Nr. 15 – **Es ist zu spät, jetzt noch erfolgreich zu sein**

Die Vorstellung, dass es einen bestimmten Zeitpunkt gebe, nach dem Erfolg nicht mehr möglich sei, ist falsch. In Wirklichkeit gibt es unzählige Beispiele von Menschen, die erst später im Leben ihren größten Erfolg verzeichnen konnten. Diese Geschichten zeigen, dass es nie zu spät ist, um anzufangen und erfolgreich zu sein.

Nehmen wir zum Beispiel Colonel Harland Sanders, den Gründer von Kentucky Fried Chicken (KFC). Sanders begann seine Fast-Food-Karriere erst im Alter von 65 Jahren, nachdem er seine erste Sozialversicherungszahlung erhalten hatte. Trotz seines fortgeschrittenen Alters baute er KFC zu einem der bekanntesten Fast-Food-Restaurants der Welt auf.

Ein weiteres beeindruckendes Beispiel ist Ray Kroc. Bevor er McDonald's zu einem weltweiten Fast-Food-Imperium ausbaute, arbeitete er als Milchshake-Maschinenverkäufer. Kroc kaufte McDonald's im Alter von 52 Jahren und verwandelte es in eine der erfolgreichsten Franchise-Ketten der Welt.

Auch Stan Lee, der legendäre Schöpfer vieler Marvel-Comics, fand erst in seinen 40ern zu seinem größten Erfolg. Obwohl er bereits lange in der Comic-Industrie tätig war, schuf er seine berühmtesten Charaktere wie Spider-Man, X-Men und Avengers erst in den 1960ern.

Diese Beispiele zeigen, dass Alter oder frühere Karriereentscheidungen keine Hindernisse für späten Erfolg darstellen. Sie demonstrieren, dass Leidenschaft, Hingabe und die Bereitschaft, neue Wege zu beschreiten, wesentlich wichtiger sind als das eigene chronologische Alter.

Es geht darum, die Gelegenheit zu ergreifen, wenn sie sich bietet, und bereit zu sein, neue Herausforderungen anzunehmen, und zwar unabhängig davon, in welchem Lebensabschnitt man sich befindet. Der Schlüssel zum Erfolg liegt in der fortwährenden Bereitschaft zu lernen, sich anzupassen und neue Möglichkeiten zu erkunden.

Kurz gesagt ist es also nie zu spät, um erfolgreich zu sein. Die Geschichten von Menschen wie Colonel Sanders, Ray Kroc und Stan Lee inspirieren und zeigen, dass Erfolg in jedem Alter möglich ist, solange man die Leidenschaft und den Antrieb hat, seine Ziele zu verfolgen.

Nr. 16 - Ich muss das Rad neu erfinden, um in meinem Bereich erfolgreich zu sein

Diese Annahme basiert auf dem Missverständnis, dass nur völlig neue, bahnbrechende Ideen oder Produkte zum Erfolg führen könnten. In Wirklichkeit sind es oft keine neuen Erfindungen, sondern das Verbessern, Anpassen oder neue Kombinationen bestehender Ideen, Konzepte oder Produkte, die zum Erfolg führen.

In vielen erfolgreichen Geschäftsmodellen geht es darum, bestehende Lösungen zu verbessern, sie an spezifische Märkte anzupassen oder aus einer neuen Perspektive zu betrachten. Anstatt zu versuchen, etwas völlig Neues zu schaffen, kann es effektiver sein, sich darauf zu konzentrieren, wie man bestehende Produkte oder Dienstleistungen optimieren oder deren Nutzen für Kunden erhöhen kann. Das kann durch Verbesserungen der Qualität, Benutzerfreundlichkeit, des Designs oder Kundenservice erreicht werden.

Ein klassisches Beispiel hierfür ist wieder Apple. Obwohl Apple oft für seine innovativen Produkte gelobt wird, sind viele der erfolgreichsten Produkte dieser Marke keine völlig neuen Erfindungen. Stattdessen hat Apple bereits existierende Technologien wie Smartphones, Musikplayer und Computer genommen und sie durch klares Design, benutzerfreundliche Schnittstellen und ein starkes Markenimage verbessert.

Erfolg in deinem Bereich erfordert also nicht unbedingt eine revolutionäre Neuerung. Vielmehr geht es um das Erkennen und Nutzen von Gelegenheiten, bestehende Produkte oder Dienstleistungen zu verbessern und sie auf eine Weise zu präsentieren, welche die Kunden anspricht und ihren Bedürfnissen entspricht.

Zusammenfassend ist die Neuerfindung des Rades nicht der einzige Weg zum Erfolg. Oft sind es das Anpassen, Verbessern und Verfeinern bestehender Konzepte, die den Unterschied ausmachen. Durch das Fokussieren auf Qualität, Innovation innerhalb bestehender Kategorien und das Verständnis für die Kundenbedürfnisse kannst du in deinem Bereich erfolgreich sein.

Nr. 17 – Ich kann nicht erfolgreich sein, ohne andere auszubeuten

Diese Fehlannahme beruht auf einem sehr eingeschränkten und negativen Verständnis von Erfolg, das suggeriert, dass geschäftlicher Erfolg zwangsläufig auf Kosten anderer gehen müsse. Tatsächlich ist jedoch oft das Gegenteil der Fall. Erfolgreiche Unternehmensmodelle basieren häufig auf Grundgedanken wie Fairness, gegenseitigem Nutzen und nachhaltigen Praktiken.

In der modernen Geschäftswelt gibt es unzählige Beispiele von Unternehmen und Einzelpersonen, die ohne Ausbeutung anderer erfolgreich sind. Diese Erfolge basieren auf Innovation, der Schaffung von Mehrwert, exzellentem Kundenservice und der Entwicklung von Produkten oder Dienstleistungen, die das Leben der Menschen verbessern. Unternehmen, die ihre Mitarbeiter wertschätzen, ethische Geschäftspraktiken verfolgen und sich für soziale und ökologische Verantwortung einsetzen, können langfristig erfolgreich und profitabel sein.

Der Schlüssel zum Erfolg liegt oft darin, sowohl intern mit Mitarbeitern als auch extern mit Kunden und Geschäftspartnern Beziehungen aufzubauen, die auf Vertrauen und Respekt basieren. Eine solche Herangehensweise kann zu einer loyalen Kundenbasis, motivierten Mitarbeitern und einem positiven Unternehmensimage führen, was wiederum den langfristigen Erfolg des Unternehmens unterstützt.

Zusammenfassend lässt sich sagen, dass Erfolg nicht zwangsläufig die Ausbeutung anderer voraussetzt. Durch ethisches Handeln und Fairness kann Erfolg sowohl für Kunden als auch für die Gesellschaft einen positiven Beitrag leisten. Ein verantwortungsbewusster, respektvoller Umgang mit Ressourcen, Mitarbeitern und Kunden bildet dabei die Grundlage für nachhaltigen und bedeutungsvollen Erfolg.

Nr. 18 – Die meisten Menschen haben vermutlich etwas Schlechtes oder Unehrliches getan, um an ihr Geld zu kommen

Diese Fehlannahme verknüpft den Prozess des Reichwerdens fälschlicherweise mit unethischem oder schlechtem Verhalten. Es ist wichtig zu erkennen, dass sowohl Reichtum als auch begrenzte finanzielle Möglichkeiten bei Menschen in verschiedensten ethischen Spektren existieren können.

Einerseits gibt es tatsächlich reiche Menschen, die unehrliche oder moralisch fragwürdige Wege gegangen sind, um an ihr Vermögen zu kommen. Andererseits gibt es viele wohlhabende Personen, die ihren Reichtum durch harte Arbeit, Innovation, Integrität und das Erbringen eines Mehrwerts erlangt haben. Ihre Erfolge basieren auf ehrlichen Geschäftspraktiken, sozialer Verantwortung und dem Schaffen von Produkten oder Dienstleistungen, die das Leben der Menschen verbessern.

Gleichzeitig gibt es Menschen, die finanziell schlechter dastehen und dabei entweder unehrliche Methoden anwenden oder ebenfalls eine anständige und ehrliche Arbeit verrichten. Das zeigt, dass die finanzielle Situation nicht automatisch mit der moralischen Integrität einer Person verbunden ist.

Es spielt eine große Rolle, welche Wahl man trifft. Die Entscheidungen, die eine Person fällt, um zu Reichtum zu gelangen oder finanzielle Herausforderungen zu bewältigen, spiegeln ihre individuellen Werte und Prinzipien wider. Es sind die persönlichen Vorstellungen von Moral und Ethik, die bestimmen, wie jemand sich entscheidet, unabhängig von seinem Vermögensstatus.

Insgesamt kann man nicht pauschal sagen, dass die Größe des Vermögens ein Indikator für das moralische oder ethische Verhalten eines Menschen ist. Vielmehr sind es die persönlichen Entscheidungen und individuellen Handlungen, die bestimmen, ob jemand Gutes oder Schlechtes tut. Es ist wichtig, dieses vielschichtige Bild zu verstehen und nicht in die Falle der Verallgemeinerung zu tappen.

Nr. 19 - **Das Reichwerden ist mit viel Arbeit oder Anstrengung verbunden**

Vielleicht nimmst du an, dass der Weg zu finanziellem Reichtum zwangsläufig mit harter Arbeit und großer Anstrengung verbunden sei. Diese Vorstellung ähnelt dem Glauben, dass man bei jeder Reise hohe Berge und tiefe Täler durchqueren müsse. Auch wenn es stimmt, dass der Aufbau von Vermögen oft harte Arbeit und Engagement erfordert, solltest du bedenken, dass das Verharren in deinem aktuellen Zustand ebenfalls Herausforderungen mit sich bringt.

Stell dir vor, du sitzt in einem Boot, das langsam auf einem ruhigen Fluss treibt. Es ist bequem und sicher, aber es bewegt sich kaum vorwärts. Die Überwindung, die es braucht, um das Ruder zu ergreifen und gegen den Strom zu rudern, um neue Ufer zu erreichen, kann zunächst entmutigend sein. Aber es nicht zu tun, könnte langfristig mehr Energie kosten, insbesondere wenn du das Gefühl hast, nicht dein volles Potenzial auszuschöpfen.

Du hast die Wahl: Gestaltest du aktiv dein Leben, nimmst du die Herausforderungen an und erreichst deine Ziele, auch wenn es anstrengend wird? Oder entscheidest du dich, an deiner aktuellen Situation nichts zu ändern und möglicherweise unter deinem Potenzial zu bleiben?

Das »Warum« hinter deinen Zielen ist wie ein Kompass, der dir die Richtung weist. Zugleich ist es dein innerer Antrieb, der dir auf deiner Reise Kraft und Motivation verleiht, besonders wenn du dich auf einen unkonventionellen und herausfordernden Weg begibst. Das Verständnis deiner eigenen Beweggründe ist entscheidend, um die Mühen und Anstrengungen bis zu deinem finanziellen Ziel zu bewältigen.

Kurz gesagt, der Weg zum Reichtum kann arbeitsreich und anstrengend sein, aber ihn zu gehen, ist eine bewusste Entscheidung. Die Herausforderungen, die dieser Weg bereithält, sollten im Kontext deiner persönlichen Ziele und des Verständnisses deines »Warums« betrachtet werden. Du hast die Wahl, ob du das Ruder ergreifst und deinen eigenen Kurs einschlägst, um dein volles Potenzial auszuschöpfen.

Nr. 20 – **Mehr Erfolg zu haben bedeutet, auch eine große Verantwortung zu tragen**

Es ist wahr, dass mit größerem Erfolg oft auch eine größere Verantwortung einhergeht. Einige Menschen fürchten, dass die Übernahme von mehr Verantwortung ihre Freiheit einschränke, aber in Wirklichkeit kann sie diese sogar erweitern. Verantwortung muss also nicht bedrohlich oder einschränkend sein.
Nimm zum Beispiel die Einstellung eines Mitarbeiters. Zunächst sieht es so aus, als ob das zusätzliche Verpflichtungen und Einschränkungen mit sich bringe. Tatsächlich kann ein neuer Mitarbeiter dich jedoch entlasten, indem er Aufgaben übernimmt, die deinen Talenten und Stärken weniger entsprechen. Das verschafft dir wiederum mehr Freiraum, dich auf das zu konzentrieren, was du am besten kannst und was dir am meisten Spaß macht.

Eine zunehmende Verantwortung ist auch ein Zeichen dafür, dass du in der Lage bist, mehr zu gestalten und zu beeinflussen. Betrachte den Chef eines großen Unternehmens, umgeben von einem Team aus Spezialisten. Seine Möglichkeit, seine Visionen und Pläne zu verwirklichen, ist deutlich größer, da er durch die Unterstützung seines Teams mehr erreichen kann. Statt sich in Details zu verlieren, kann er strategische Entscheidungen treffen und die Richtung vorgeben.

Viel Geld und die damit verbundene Verantwortung bieten also die Chance, mehr Einfluss zu nehmen und positiv zu wirken. Anstatt die Verantwortung als Last zu sehen, sollte sie als Chance begriffen werden, einen größeren Beitrag zu leisten, sowohl im eigenen als auch im Leben anderer.

Kurz gesagt, mehr Geld und die damit verbundene größere Verantwortung können tatsächlich eine Bereicherung darstellen. Das bietet dir die Freiheit, deine Talente und Fähigkeiten voll zu entfalten und mehr zu bewirken. Mehr Verantwortung zu übernehmen schränkt dich also nicht ein, sondern ermöglicht dir, dein Potenzial voll auszuschöpfen und einen größeren positiven Einfluss zu haben.

Nr. 21 – **Das Reichwerden hat nur etwas mit Glück oder Schicksal zu tun**

Die Annahme, dass Reichtum eine Frage von Glück oder Schicksal sei, verkennt die Rolle von Absicht, Vorbereitung und persönlichem Einsatz. Gemäß dem Gesetz der Anziehung ist jeder Erfolg - oder Misserfolg - das Ergebnis einer bewussten oder unbewussten Absicht. Während Glück eine gewisse Rolle spielen kann, indem es unerwartete Chancen bietet, ist es letztlich die Absicht und die darauffolgende Handlung, die den Unterschied ausmacht.

Glück ist ein Moment, in dem sich eine Gelegenheit bietet, etwas in deinem Leben zum Positiven zu verändern. Diese Chance ergreifen zu können, setzt jedoch die richtige Vorbereitung voraus. Und hier kommt die Absicht ins Spiel. Um erfolgreich zu werden, musst du die Absicht haben, erfolgreich zu sein. Diese Absicht beinhaltet die Entscheidung, an dir zu arbeiten, Fähigkeiten zu entwickeln und Wissen aufzubauen.

Erfolg im Sinne von Reichtum erfordert oft eine Kombination aus harter Arbeit, kontinuierlichem Lernen und der Fähigkeit, Gelegenheiten zu erkennen und zu nutzen. Diejenigen, die reich geworden sind, hatten häufig eine klare Vorstellung davon, was sie erreichen wollten, und dann strategisch auf dieses Ziel hingearbeitet. Sie haben sich nicht allein auf das Schicksal oder den Zufall verlassen, sondern aktiv Schritte unternommen, um ihre Ziele zu verwirklichen.

Zusammenfassend lässt sich sagen, dass es nicht nur eine Frage von Glück oder Schicksal ist, ob man reich wird. Es ist vielmehr das Ergebnis von Absicht, Vorbereitung und der Fähigkeit, Chancen zu nutzen. Während Glück eine Rolle spielen kann, ebnen die persönliche Absicht und der Einsatz letztendlich den Weg zum Erfolg.

Nr. 22 – **Das Reichwerden ist nichts für Menschen wie mich**

Diese Fehlannahme basiert auf der Vorstellung, dass finanzieller Erfolg nur bestimmten Typen von Menschen vorbehalten sei, zu denen man selbst nicht gehört. Es ist jedoch wichtig zu verstehen, dass die Persönlichkeit, die du jetzt bist, sich erheblich von der Persönlichkeit unterscheiden kann, die du sein wirst, wenn du deine Ziele erreicht hast. Der Prozess des Reichwerdens ist oft auch ein Prozess der persönlichen Entwicklung und Veränderung.

Es ist ein weitverbreiteter Irrglaube, dass alle reichen Menschen von Anfang an gut aufgestellt gewesen seien. Die Wahrheit ist, dass viele von ihnen zu Beginn ihrer Reise ähnliche Zweifel und Unsicherheiten hatten. Im Laufe der Zeit haben sie sich jedoch kontinuierlich persönlich und beruflich weiterentwickelt und sind zu Menschen geworden, die Erfolg haben und ihn auch verdienen.

Wenn du also zurzeit das Gefühl hast, dass Reichtum nichts für Menschen wie dich ist, dann ist das ein Zeichen dafür, dass du an dir selbst arbeiten musst. Es geht darum, dein Selbstbewusstsein zu stärken, deine Fähigkeiten zu entwickeln und zu der Persönlichkeit zu werden, die Erfolg hat. Jeder erfolgreiche Weg beginnt mit dem ersten Schritt und der Bereitschaft, sich weiterzuentwickeln und zu wachsen.

Es ist wichtig zu erkennen, dass finanzieller Erfolg für jeden möglich ist, unabhängig vom Ausgangspunkt. Erfolg erfordert vor allem Engagement, den Willen zur Veränderung und die Bereitschaft, aus Fehlern zu lernen und sich weiterzuentwickeln. Durch hartnäckiges Streben nach deinen Zielen und kontinuierliche Selbstoptimierung kannst du zu einer Person werden, die nicht nur erfolgreich ist, sondern diesen Erfolg auch verdient hat.

Nr. 23 - Um reich zu werden, muss man andere Menschen benutzen und ausnutzen

Diese Fehlannahme, die besagt, dass man zum Reichwerden andere Menschen ausnutzen müsse, widerspricht der ethischen Geschäftspraxis, die ich bereits erwähnt habe. Es ist ein Irrglaube zu denken, dass Erfolg auf Kosten anderer erzielt werden müsse. Im Gegenteil, ein ethischer Ansatz im Geschäftsleben kann nicht nur zu langfristigem Erfolg führen, sondern auch zu einem positiven Arbeitsumfeld und einer stärkeren Unternehmenskultur beitragen.

Ein weiterer Punkt, der in diesem Kontext oft auftritt, bezieht sich auf die Behandlung von Mitarbeitern. Die Vorstellung, dass Mitarbeiter ausgebeutet werden müssten, um erfolgreich zu sein, ist ebenfalls ein Trugschluss. Als Unternehmer hast du die Wahl, wie du deine Mitarbeiter behandelst. Ein Wachstumsunternehmen hat die Möglichkeit - und ich würde sogar sagen die Pflicht -, seine Mitarbeiter fair und überdurchschnittlich zu entlohnen. Das schafft nicht nur ein positives Arbeitsklima, sondern fördert auch Loyalität und Motivation.

Fair bezahlte Mitarbeiter sind oft engagierter und produktiver, was wiederum dem Unternehmen zugutekommt. Eine Investition in das Wohlbefinden und die Zufriedenheit der Mitarbeiter kann sich langfristig als eine der besten Investitionen erweisen, die ein Unternehmen tätigen kann. Eine Kultur der Fairness und des Respekts kann zu einer höheren Mitarbeiterbindung, geringeren Fluktuationsrate und letztendlich zu einem stärkeren und erfolgreicheren Unternehmen führen.

Kurz gesagt, das Reichwerden ist nicht unbedingt eine Konsequenz der Ausbeutung anderer. Ethische Geschäftspraktiken, einschließlich der fairen Behandlung und Bezahlung von Mitarbeitern, können maßgeblich zu größerem Erfolg und Wachstum führen. Der Schlüssel liegt darin, eine Unternehmenskultur zu schaffen, die auf gegenseitigem Respekt und Fairness basiert, was letztendlich allen Beteiligten zugutekommt.

Nr. 24 – **Wenn ich reich bin, wollen alle was von mir haben**

Diese Fehlannahme ist vergleichbar mit dem Licht eines Leuchtturms, das in der Dunkelheit der Nacht weithin sichtbar ist. Reichtum kann also die Aufmerksamkeit auf dich lenken, ähnlich wie das Licht des Leuchtturms Schiffe anzieht. Es kann sein, dass mit zunehmendem Vermögen auch das Interesse anderer an dir und deinen Ressourcen steigt. Das kann sich beispielsweise in Form von Bitten um finanzielle Unterstützung, Geschäftsvorschlägen oder anderen Anfragen äußern.

Jedoch bedeutet das nicht zwangsläufig, dass jeder, der sich dir nähert, etwas von dir will, oder dass alle diese Anfragen negativ zu bewerten sind. Wie der Leuchtturm, der sowohl sichere Passage als auch Gefahr signalisiert, können manche dieser Kontakte nützlich und bereichernd sein, während andere möglicherweise mehr Vorsicht erfordern.

Mit zunehmendem Reichtum wächst auch die Verantwortung, weise zu entscheiden, wie und mit wem du deine Ressourcen teilst. Es ist wichtig, Grenzen zu setzen und zu lernen, wie man authentische Beziehungen von solchen unterscheidet, die rein auf dem Interesse an deinem Vermögen basieren. Das Erkennen und Aufrechterhalten solcher Grenzen ist wie das Navigieren eines Schiffes durch die nächtliche See - es erfordert Aufmerksamkeit und sorgfältige Steuerung, um sicher ans Ziel zu gelangen.

Es ist ebenfalls nützlich, sich daran zu erinnern, dass Reichtum auch die Möglichkeit bietet, positiven Einfluss auszuüben, sei es durch philanthropische Aktivitäten, Investitionen in soziale Projekte oder durch das Unterstützen anderer in ihrem Bestreben. Wie ein Leuchtturm, der den Weg weist, kannst du dein Vermögen auch so nutzen, dass es sowohl dir als auch anderen zugutekommt.

Zusammenfassend lässt sich sagen, dass Reichtum zwar die Aufmerksamkeit anderer auf dich lenken kann, es aber an dir liegt, wie du damit umgehst. Es erfordert ein hohes Urteilsvermögen und auch umsichtiges Handeln, um sicherzustellen, dass du deine Ressourcen auf eine Weise nutzt, die sowohl für dich als auch für die Gemeinschaft von Vorteil ist.

Nr. 25 – Wenn ich reich werde, wird das einigen Leuten in meinem Leben nicht gefallen oder sie werden mich nicht mehr mögen

Diese Fehlannahme basiert auf der Sorge, dass der eigene finanzielle Erfolg möglicherweise negative Auswirkungen auf bestehende Beziehungen haben könnte. Es ist wahr, dass Veränderungen, die den persönlichen Lebensstil und Status betreffen, unterschiedliche Reaktionen bei anderen hervorrufen können. Einige könnten deinen Erfolg bewundern und unterstützen, während andere möglicherweise Neid oder Ablehnung zeigen.

Es ist wichtig zu erkennen, dass du die Reaktionen anderer auf deinen Erfolg nicht kontrollieren kannst. Es wird immer Menschen geben, die dich aufgrund deines Erfolgs ablehnen, genauso, wie es Menschen gibt, die dich wegen deiner Misserfolge ablehnen. Du kannst Ablehnung nicht vermeiden, aber du kannst entscheiden, aus welchen Gründen du möglicherweise abgelehnt wirst. Wählst du den Weg des Erfolgs, wirst du von einigen dafür abgelehnt, von anderen aber auch dafür respektiert und bewundert.

Wenn Menschen in deinem Umfeld negativ auf deinen Erfolg reagieren oder dich nicht mehr mögen, sobald du erfolgreich bist, gibt das Aufschluss über die Tiefe und Qualität dieser Beziehungen. Beziehungen, die auf materiellen Faktoren oder auf deinem Status basieren, sind oft oberflächlich und halten dem Druck von Veränderungen nicht unbedingt stand. Wahrhaft tiefe und bedeutungsvolle Beziehungen überstehen hingegen solche Veränderungen und sind nicht von deinem finanziellen Status abhängig.

Erfolg ist auch eine Gelegenheit, deine Beziehungen zu reflektieren und zu bewerten. Menschen, die dich um deiner selbst willen schätzen und unterstützen, sind wertvolle Begleiter auf deinem Lebensweg. Diejenigen, die sich abwenden, weil du erfolgreich bist, zeigen dir, dass ihre Verbundenheit möglicherweise bedingungsabhängig war.

Kurz gesagt, es ist normal, dass Veränderungen, wie zum Beispiel finanzieller Erfolg, unterschiedliche Reaktionen bei anderen hervorrufen. Es ist wichtig, sich darauf zu konzentrieren, für das abgelehnt zu werden, was du wertschätzt und anstrebst, und nicht für das, was du vermeiden möchtest. Die Reaktionen anderer auf deinen Erfolg können dir helfen, die Qualität deiner Beziehungen zu verstehen und abschätzen zu können, wer dich wirklich für das unterstützt, was du bist und was du erreichen möchtest.

Nr. 26 - **Wenn ich viel Geld habe, bedeutet das, dass jemand anderes deshalb automatisch weniger haben wird**

Diese Fehlannahme beruht auf der Vorstellung, dass nur eine bestimmte Menge Geld existiere, bei der der Reichtum der einen notwendigerweise zur Armut der anderen führen würde. In Wirklichkeit ist die Wirtschaft jedoch kein Nullsummenspiel, bei dem das, was einer gewinnt, ein anderer verliert. Vielmehr kann die Schaffung von Reichtum oft zu einer Vergrößerung des gesamten wirtschaftlichen Kuchens führen, von dem dann mehr Menschen profitieren können.

Die Vorstellung, dass dein finanzieller Erfolg automatisch für jemand anderen einen Verlust bedeute, übersieht das Prinzip der Wertschöpfung. Wenn du ein Unternehmen aufbaust, ein neues Produkt entwickelst oder eine Dienstleistung verbesserst, schaffst du in der Regel einen Mehrwert. Dieser Mehrwert bedeutet, neue Arbeitsplätze zu schaffen, zur wirtschaftlichen Aktivität beizutragen und letztlich das Wohlergehen der Gemeinschaft zu erhöhen.

In vielen Fällen führt der Erfolg eines Unternehmens oder einer Person nicht zu einem direkten Verlust für andere. Stattdessen kann er das wirtschaftliche Ökosystem bereichern, indem er Innovationen fördert, die Nachfrage steigert und sogar neue Märkte schafft. Das Wachstum eines Unternehmens kann beispielsweise zu einer erhöhten Nachfrage nach Lieferanten und Dienstleistern führen, was wiederum deren Wachstum fördern kann.

Natürlich ist es wichtig, verantwortungsbewusst und ethisch zu handeln, um sicherzustellen, dass dein finanzieller Erfolg nicht zu Lasten anderer geht. Durch nachhaltiges und sozial verantwortliches Handeln kannst du dazu beitragen, dass dein Erfolg positive Auswirkungen auf andere hat.

Es ist also ein Trugschluss zu glauben, dass dein finanzieller Gewinn zwangsläufig für eine andere Person finanziellen Verlust bedeutet. Durch kreative Wertschöpfung und ethisches Handeln kann dein Erfolg zum Wachstum und Wohlstand führen, ohne dass das auf Kosten anderer geschehen muss. Finanzieller Erfolg und soziale Verantwortung können damit Hand in Hand gehen.

Nr. 27 – **Zu viel Geld zu haben ist ein Zeichen von Gier**

Diese Fehlannahme unterstellt, dass es zwangsläufig mit Gier verbunden sei, viel Geld auf dem Konto zu haben. Jedoch spiegelt das Vermögen, das jemand besitzt, nicht unbedingt seinen Charakter oder moralischen Wert wider. Dein selbst erarbeiteter Kontostand ist lediglich ein Indikator dafür, welche Bedingungen du erfüllt hast, um diesen Stand zu erreichen.

Die reine Geldmenge sagt nichts Konkretes über jemanden als Person aus. Es sind vielmehr die Einstellung und der Umgang mit Geld, die offenbaren, wie jemand zu seinem Vermögen steht. Ein hoher Kontostand kann das Ergebnis harter Arbeit, geschickter Investitionen oder erfolgreicher Unternehmungen sein. Er ermöglicht einem, Gutes zu tun - sei es durch Investitionen in gemeinnützige Projekte, die Unterstützung von sozialen Initiativen oder einfach durch verantwortungsbewusstes und ethisches Handeln.

Die Entscheidung, wofür man sein Geld verwendet, ist das, was zählt. Manche reichen Menschen nutzen ihre finanziellen Mittel, um positiven Einfluss auszuüben und zu helfen, während andere sich möglicherweise für einen ichbezogeneren Weg entscheiden. In beiden Fällen ist es der Umgang mit dem Geld und nicht dessen Menge, der Aufschluss über die wahren Wertvorstellungen und Intentionen einer Person gibt.

Es ist wichtig, nicht vorschnell aufgrund der Höhe des Vermögens über jemanden zu urteilen. Viel Geld zu haben ist weder gut noch schlecht; es ist eine neutrale Tatsache, die verschiedene Möglichkeiten und Verantwortlichkeiten mit sich bringt. Was letztlich zählt, ist, wofür du dein Geld ausgibst und welche Werte du damit zum Ausdruck bringst.

Nr. 28 – **Wenn ich zu viel Geld komme, könnte ich es auch wieder verlieren**

Diese Fehlannahme spiegelt die verbreitete Angst wider, dass der Gewinn großer Geldsummen automatisch das Risiko des Verlustes mit sich bringe. Es ist wahr, dass mit zunehmendem Vermögen auch die Verantwortung für dessen Verwaltung und Erhalt steigt. Die Sorge, dass das hart verdiente Geld schnell wieder weg sein könnte, ist zwar verständlich, aber oft übertrieben.

In der Realität zahlt man bei einem hohen Einkommen zwar auch entsprechend hohe Steuern, aber ein hohes Einkommen zeigt gleichzeitig deinen großen finanziellen Erfolg. Das Erreichen dieses finanziellen Erfolgs ist eine bedeutende Leistung, die auch als solche anerkannt werden sollte. Zudem ist die Besteuerung deines Einkommens ein Teil des gesellschaftlichen Vertrags, der zur Finanzierung öffentlicher Güter und Dienstleistungen beiträgt.

Wichtiger ist, wie du selbst mit deinem Vermögen umgehst. Durch sorgfältige Planung und kluge Verwaltung deiner Finanzen kannst du dein Vermögen sichern und weiter ausbauen. Das beinhaltet das Festlegen eines Budgets, das Investieren in sichere Anlageformen und das Bilden von Rücklagen für unerwartete Ausgaben. Der Verlust von Geld tritt häufig dann auf, wenn Menschen ohne Planung und Überblick über ihre Finanzen agieren und Geld unbedacht ausgeben.

Ein weiterer Schlüssel sind das Verständnis und das aktive Management deiner Finanzen. Es ist wichtig, dass du dir einen guten Überblick über deine Einnahmen, Ausgaben und Investitionen verschaffst. Durch bewusstes Finanzmanagement und die Anwendung von Strategien zur Vermögenssicherung kannst du die Risiken minimieren und dein Vermögen langfristig schützen. Kurz gesagt, viel Geld zu haben bedeutet nicht zwangsläufig, dass du auch viel davon wieder verlieren wirst. Durch eine kluge Finanzplanung und verantwortungsvolle Verwaltung hast du die Möglichkeit, dein Vermögen zu sichern und zu vermehren. Das Wissen um Finanzmanagement und die bewusste Entscheidung, wie man sein Geld sinnvoll und zielgerichtet einsetzt, sind entscheidend, um Vermögen aufzubauen und zu erhalten.

Nr. 29 – Wenn ich ernsthaft nach Reichtum strebe und dabei scheitere, werde ich mich wie ein Versager fühlen

Diese Fehlannahme beruht auf der Vorstellung, dass Scheitern gleichbedeutend mit Versagen sei. Tatsächlich ist jedoch das Gegenteil der Fall: Scheitern ist ein wesentlicher Bestandteil des Weges zum Erfolg. Wenn du dir die Geschichten erfolgreicher Persönlichkeiten anschaust, wirst du feststellen, dass viele von ihnen von Fehlern und Rückschlägen berichten, die sie auf ihrem Weg gemacht und erlebt haben.

Das Streben nach Reichtum - oder jegliche andere Art von Erfolg - setzt immer das Eingehen von Risiken und das Betreten unbekannter Pfade voraus. Dabei ist es fast unvermeidlich, dass man auf Herausforderungen stößt, auf die man nicht vorbereitet ist. Diese unerwarteten Herausforderungen stellen jedoch keine unüberwindbaren Hindernisse dar und bedeuten auch nicht zwingend das Ende des Weges, sondern sie sind wichtige Lernerfahrungen.

Durch das Scheitern lernst du, welche Strategien funktionieren und welche nicht, und gewinnst wichtige Erkenntnisse, die für zukünftige Bemühungen unerlässlich sind. Diese Erfahrungen ermöglichen es dir, deinen Ansatz anzupassen und zu verbessern. In vielen Fällen sind es gerade die durch Fehlschläge gewonnenen Einsichten, die letztendlich zum Erfolg führen.
Zudem kann das Vorhandensein von Mentoren oder Ratgebern, die bereits Erfahrungen in ähnlichen Bereichen gesammelt haben, extrem hilfreich sein. Sie können dich auf potenzielle Gefahren aufmerksam machen und dir dabei helfen, Fehler zu vermeiden, die sie vielleicht selbst gemacht haben.

Kurz gesagt, Scheitern sollte nicht als etwas Endgültiges oder als Zeichen des Versagens betrachtet werden. Es ist vielmehr ein integraler Bestandteil des Lernprozesses auf dem Weg zum

Erfolg. Die Einstellung zum Scheitern und die Fähigkeit, daraus zu lernen und weiterzumachen, sind entscheidend. Anstatt dich als Versager zu fühlen, solltest du Scheitern als Gelegenheit betrachten, zu wachsen und dein volles Potenzial auszuschöpfen.

Nr. 30 – Geld kann einem viele Probleme bereiten

Die Annahme, dass mehr Geld automatisch zu mehr Problemen führe, übersieht einen wichtigen Aspekt: Probleme sind ein natürlicher und unvermeidlicher Teil des Lebens, unabhängig von der finanziellen Situation. Es ist wahr, dass mit zunehmendem Vermögen neue Herausforderungen und Verantwortlichkeiten entstehen können. Allerdings bedeutet das nicht automatisch, dass diese Herausforderungen unüberwindbar oder negativ sind.

Vergleicht man das Leben mit einem Videospiel, so ist jedes höhere Level, das du erreichst, das Ergebnis der Probleme, die du zuvor gelöst hast. Mit jeder Herausforderung, der du dich stellst, wächst du und entwickelst die Fähigkeiten, um zukünftig größere und komplexere Probleme lösen zu können. Erfolgreiche Menschen sind jene, die diesen Weg konsequent weitergegangen sind. Sie stehen immer wieder vor größeren Herausforderungen, weil sie bereits viele kleinere gemeistert haben.

In diesem Sinne ist der Umgang mit Geld und den damit verbundenen Herausforderungen eine Frage der persönlichen Entwicklung. Mit zunehmendem Erfolg und Vermögen entwickelst du Fähigkeiten, die es dir ermöglichen, angemessen auf neue Situationen zu reagieren. Erfolgreiche Menschen sind in der Regel gut darauf vorbereitet, mit den Problemen umzugehen, die ihr Erfolg mit sich bringt.

Es ist auch wichtig zu erkennen, dass Geld an sich nicht das Problem ist. Die meisten Probleme in Bezug auf Geld entstehen häufig erst durch die Art und Weise, wie Menschen damit umgehen. Eine negative oder ungesunde Einstellung zum Geld kann zu Schwierigkeiten führen. Geld kann jedoch auch Sicherheit vermitteln, Chancen auftun und positiven Einfluss haben, wenn es mit Verantwortung und Weitsicht verwaltet wird.

Es ist also ein Missverständnis zu glauben, dass Geld allein viele Probleme verursacht. Vielmehr sind es die Herausforderungen des Lebens, die mit jedem Schritt wachsen und die eine Weiterentwicklung deiner Fähigkeiten erfordern. Der Umgang mit Geld und den damit verbundenen Herausforderungen ist ein Teil deiner persönlichen Reise und Entwicklung. Geld bietet dir vielerlei Chancen, und es liegt an dir, wie du diese nutzt und gestaltest.

Fazit:

In diesem Kapitel habe ich die 30 häufigsten Fehlannahmen beleuchtet, die viele auf ihrem Weg zu unternehmerischem Erfolg und bei ihrem persönlichen Wachstum begleiten. Diese Fehlannahmen sind nur ein Teil der Missverständnisse und Irrtümer, die unseren Fortschritt behindern können. Es gibt Hunderte solcher falschen Überzeugungen, die tief in unserem Denken verwurzelt sind und die es zu identifizieren und zu ändern gilt.

Jede dieser Fehlannahmen stellt ein Hindernis dar, das nicht nur unser Vorankommen in unserem Business und unser Einkommen, sondern auch unsere persönliche Entwicklung aufhalten kann. Sich das bewusst zu machen und diese Irrtümer zu überwinden kann jedoch zu einem enormen Wachstum führen. Wenn wir diese Herausforderungen meistern, wachsen daran nicht nur unser Geschäft und unser Einkommen, sondern auch wir selbst.

Jetzt ist es an der Zeit, in kontinuierliche Selbstreflexion zu treten. Frage dich täglich, welche dysfunktionalen Gedanken oder Überzeugungen dir in deinem Alltag immer wieder begegnen und welche davon später dein unternehmerisches oder persönliches Wachstum begrenzen könnten. Nimm dir einen Moment Zeit, um diese Gedanken aufzuschreiben und aktiv an ihnen zu arbeiten. Durch diese bewusste Auseinandersetzung ebnest du den Weg für mehr Freiheit und Selbstbestimmung.

Wenn du intensiv an deinem unternehmerischen und persönlichen Wachstum arbeiten möchtest, laden wir dich herzlich ein, dich für ein Erstgespräch bei uns zu melden. Besuche dazu unsere Website unter **theoutperformer.de.** Gemeinsam können wir die Fehlannahmen identifizieren, die dich zurückhalten, und Strategien entwickeln, um sie zu überwinden. Mit der richtigen Unterstützung kannst du dein volles Potenzial entfalten und dich auf den Weg zum Erfolg und zur Erfüllung machen.

KAPITEL III –

Der Weg zu den Top 1 Prozent

Willkommen in Kapitel III, dem Abschnitt deiner Reise, in dem wir gemeinsam die Geheimnisse des produktiven und nachhaltigen Zeitmanagements lüften. Bisher hast du dich beim Aufstieg auf einen Berg von alten Denkweisen gelöst und alte Gewohnheiten abgeworfen wie unnötiges Gepäck. Aber um neue Höhen zu erklimmen, musst du noch leichter und unbelasteter sein.

Jetzt, nachdem du diese Lasten abgeworfen hast und weißt, wo du stehst und wohin du willst, ist es an der Zeit, den Blick auf den Gipfel zu richten. Vor dir liegt nun ein freier Pfad - der Weg zu produktivem und nachhaltigem Zeitmanagement und unerschütterlicher Motivation in deiner Selbstständigkeit.

Stell dir vor, du würdest jeden Tag die nötige Motivation besitzen, umsatzbringende Ideen oder Aufgaben sofort anzupacken, statt sie unnötig aufzuschieben. Du solltest dein Ziel stets so klar wie einen Bergsee vor Augen haben und mit der nötigen Disziplin und Fokussierung alles zu Ende zu bringen, was du angefangen oder dir vorgenommen hast.

In diesem Kapitel zeige ich dir, wie du genau wie die Top 1 Prozent aller Unternehmer effizient und wirksam Prioritäten setzt, damit du an einem Tag so viel schaffst wie sonst in zwei bis drei Tagen. Wir beseitigen die ineffizienten Prozesse und unnötigen Zeitfresser aus deinem Arbeitsalltag wie Unkraut in einem Garten, um Platz für neues Wachstum zu schaffen.

Du wirst lernen, wie du durch die richtigen Strukturen im Business nicht nur zu mehr Freiheit, sondern auch zu wahrer Selbstbestimmung in deinem Leben findest. Ich zeige dir, wie du Business, Familie, Hobbys und Sport unter einen Hut bringst, ohne in deiner Freizeit ständig an schwindende Umsätze denken zu müssen.

Du lernst, wie du dich von dem Druck und Stress, der durch Konkurrenz, Marktschwankungen, Kundenprojekte, steigende Kosten oder Verpflichtungen entsteht, lösen und frei wie ein Vogel durch die Luft in Richtung Bergspitze fliegen kannst.

Bist du bereit, dich auf diesen spannenden Weg zu begeben? Bist du bereit, dein wahres Potenzial zu erkennen und voll auszuschöpfen? Dann folge mir in Kapitel III und lass uns gemeinsam deine Zukunft gestalten. Auf zu neuen Gipfeln!

Wie du unerschütterliche Motivation aufbaust, mit der du umsatzbringende Ideen oder Aufgaben sofort anpackst, statt sie unnötig aufzuschieben

Um unerschütterliche Motivation aufzubauen, mit der du umsatzbringende Ideen oder Aufgaben sofort anpackst, sind diese drei Aspekte entscheidend:

a) Hinderliche Überzeugungen zu überwinden und mit deinem Business endlich voll durchzustarten.

b) Klarheit über die nächsten Schritte zu gewinnen und wie du diese individuell in deiner Situation umsetzen kannst.

c) Das Gefühl, dass die bevorstehenden oder vorgenommenen Aufgaben zu aufwendig oder groß erscheinen, endgültig abzulegen.

Hinderliche Überzeugungen wurden bereits schon intensiv thematisiert, weshalb im Folgenden die letzten beiden Punkte mehr im Fokus stehen werden.

Klarheit gewinnen - Der 80-Prozent-Ansatz

Das Erste, was du brauchst, ist Klarheit. Denk beispielsweise an eine Landkarte für eine Wanderung. Es müssen nicht jeder Stein und jede Abzweigung auf dieser Karte verzeichnet sein, aber du brauchst genug Details, um den Weg erkennen und ihm folgen zu können. Das ist das Paretoprinzip in Aktion - mit 80 Prozent Klarheit hast du genug Informationen, um zu starten, ohne dich in Details zu verlieren, die sich während der Reise sowieso ändern können.

Die Strategie, Klarheit durch den 80-Prozent-Ansatz zu gewinnen, basiert auf dem Paretoprinzip, auch als 80/20-Regel bekannt. Dieses Prinzip besagt, dass 80 Prozent der Ergebnisse oft nur aus 20 Prozent der Anstrengungen entstehen. In deinem Kontext bedeutet es, dass du nicht versuchen solltest, jede Kleinigkeit zu perfektionieren, bevor du handelst. Stattdessen solltest du dich lieber darauf konzentrieren, genug Informationen und Wissen zu sammeln, um in Aktion treten zu können, und dabei akzeptieren, dass manche Details und Veränderungen sich erst auf dem Weg ergeben.

Was kannst du jetzt tun?

Nimm dir am Vorabend deines Arbeitstages ungefähr fünf bis zehn Minuten Zeit, um deine wichtigsten To-dos zu überdenken. Schreib sie auf und ordne sie nach Priorität. Dadurch kann dein Unterbewusstsein sich über Nacht auf die bevorstehenden Aufgaben vorbereiten, sodass du am nächsten Tag sofort weißt, was zu tun ist, und mit mehr Motivation starten kannst. Dieses Vorgehen ähnelt dem Packen deines Rucksacks am Abend vor einer Wanderung - am nächsten Morgen bist du sofort bereit und kannst ohne Verzögerung losgehen.

Um deine Motivation weiter zu stärken und effektiv umsatzbringende Ideen zu entwickeln oder entsprechende Aufgaben zu erledigen, ist es ebenfalls hilfreich, die Timeboxing-Methode zu nutzen, wie sie von Harvard empfohlen wird. Diese Methode ermöglicht es dir, deine wichtigsten Aufgaben zeiteffektiv zu organisieren und umzusetzen. Das vermittelt dir ein besseres Gefühl dafür, ob du alle To-dos so erledigen kannst, wie du es dir zeitlich vorstellst. Im besten Fall ermöglicht es dir, Aufgaben aus terminlichen Gründen umzudisponieren.

Die Timeboxing-Methode geht wie folgt:

1. Plane deine Zeit im Voraus: Blocke bestimmte Zeiten in deinem Kalender für deine wichtigsten Aufgaben. Das verschafft dir einen klaren Überblick darüber, wann und wie lange du an welchen Aufgaben arbeiten wirst.

2. Lege realistische Zeitfenster fest: Plane für jede Aufgabe ein bestimmtes Zeitfenster ein. Schätze dabei realistisch ein, wie viel Zeit du voraussichtlich benötigen wirst, um eine Aufgabe effektiv zu erledigen.

3. Berücksichtige Pausen und bleib flexibel: Plane auch Pausen und Zeit für unvorhersehbare Dinge ein. Das erhöht deine Flexibilität und erlaubt es dir, auf unerwartete Ereignisse zu reagieren, ohne dass es deine gesamte Zeitplanung komplett ins Wanken bringt.

4. Überprüfe und passe an: Am Ende des Tages oder der Woche solltest du deine Planung überprüfen und anpassen. Das hilft dir, aus deinen Erfahrungen zu lernen und deine Planungsfähigkeiten zu verbessern.

Nehmen wir zum Beispiel an, du wärst Inhaber einer kleinen Marketingagentur. Dein Ziel ist es, deine Kundenprojekte effizient zu managen, neue Geschäfte zu akquirieren und gleichzeitig dein Team zu leiten. Dann könnte dein vorbereiteter Zeitplan für den nächsten Tag folgendermaßen aussehen:

Die Blöcke mit einem [X] sind die Prioritäten, die du bisher auf deiner To-do-Liste festgehalten hast und die du jetzt in deinen Kalender überträgst. Dadurch bekommst du neben deinen Meetings oder Terminen das Gefühl, wie gut sich die Aufgabe zeitlich in den Tag einordnen lässt oder ob du anders priorisieren musst. Diese klare und strukturierte Zeitplanung ermöglicht es dir, am nächsten Morgen produktiv in den Tag zu starten. Probier's mal aus!

Die Meisterschaft von überwältigenden oder aufwendigen Aufgaben

Manche Aufgaben erscheinen uns deswegen mühsam oder überwältigend, weil wir sie als zu anstrengend oder zu groß bewerten. Psychologie und Neurowissenschaften zeigen, dass der Mensch Aufgaben aufschiebt, weil er auf diese Weise Freude maximieren und Schmerz minimieren kann. Das bezeichnet man als Vermeidungsverhalten. Unser Gehirn ist darauf programmiert, unmittelbare Belohnungen zu bevorzugen und unangenehme Aufgaben zu vermeiden, auch wenn das langfristig negative Folgen für uns haben kann.

Hier unterscheiden wir in unserem Gehirn zwei Systeme, die wie zwei unterschiedliche Stimmen auf uns einreden: Das erste, das Annäherungssystem, funktioniert wie ein begeisterter Trainer und ist mit dem Striatum und ventralen Tegmentalbereich verbunden. Es ist das Lust- und Belohnungssystem, das uns antreibt und motiviert. Das zweite, das Vermeidungssystem, agiert wie ein besorgter Beschützer und ist mit der Amygdala und dem Hippocampus verbunden. Es bewertet und reagiert auf subjektiv bedrohliche oder belastende Situationen und neigt oft zu Flucht- oder Vermeidungsstrategien.

Um zur Umsetzungsmaschine zu werden, musst du den grundlegenden Konflikt zwischen diesen beiden Systemen verstehen. Wahrscheinlich kennst du auch die Situation, in der du voller Motivation bist und dir aufschreibst, welche To-dos du am nächsten Tag erledigen möchtest. Dann kommt der nächste Tag und du schiebst deine To-dos auf, statt produktiv die Liste abzuarbeiten und wichtige Aufgaben anzugehen, die du dir vorgenommen hast.

Hier offenbart sich der Konflikt zwischen dem Approach- und Avoidance-System: Je näher du der Aufgabe kommst, desto lauter rät der Beschützer in dir zur Vorsicht, und die negativen Aspekte beginnen zu überwiegen. Je weiter du von der Aufgabe entfernt bist, desto deutlicher hörst du die motivierende Stimme des Trainers, die dich zum Handeln anspornt. Dieser interne Konflikt führt zu einem ewigen Hin und Her zwischen Motivation und Resignation, ohne dass wirklich greifbare Ergebnisse erzielt werden.

Um diesen Teufelskreis zu durchbrechen, musst du entscheiden zu handeln. Je länger du zögerst, desto größer wird der Widerstand und desto schwieriger wird es, dich zu überwinden. Hier sind drei Strategien, die unseren Kunden besonders weiterhelfen:

1. Setze kleine, erreichbare Ziele: Anstatt eine große und überwältigende Aufgabe als Ganzes zu betrachten, zerlege sie in kleinere, überschaubare Teile. Teile zum Beispiel ein großes Projekt in verschiedene Phasen oder Aufgaben auf. Nimm dir vor, jeden Tag einen bestimmten Teil des Projekts zu erledigen, anstatt dich unter Druck zu setzen, alles auf einmal schaffen zu müssen. Diese Herangehensweise erleichtert nicht nur die Bewältigung der Aufgabe, sondern gibt dir auch das Gefühl, ständig Fortschritte zu machen. Jeder abgeschlossene Schritt ist ein kleiner Erfolg, der deine Motivation stärkt.

2. Fristen setzen und einhalten: Das Setzen von Fristen vermittelt ein Gefühl der Dringlichkeit, das zum Handeln anspornt. Es ist jedoch wichtig, sich realistische Fristen zu setzen, die zwar herausfordernd, aber immer noch machbar sind. Wenn du zum Beispiel ein Buch schreiben willst, setze dir zum Ziel, jeden Tag eine bestimmte Anzahl von Wörtern oder Seiten zu schreiben. Halte dich an diese Deadlines, als ob sie von einem Kunden oder einem Chef gesetzt worden wären. Das hilft dir, die Neigung zum Auf-

schieben zu überwinden, und fördert eine disziplinierte Arbeitsweise. Es ist auch hilfreich, dich regelmäßig selbst an deine Deadlines zu erinnern und so deinen Fortschritt zu überwachen.

3. Mach die erste Aufgabe zur einfachsten: Beginne deinen Tag oder dein Projekt mit der einfachsten Aufgabe auf deiner Liste. Das verschafft dir ein sofortiges Erfolgserlebnis und sorgt für positive Energie. Wenn es zum Beispiel dein Ziel ist, ein neues Marketingkonzept zu entwickeln, beginne mit etwas Einfachem, wie beispielsweise Inspirationen zu suchen oder Feedback zu aktuellen Strategien einzuholen. Dieser schnelle und einfache Erfolg gibt dir das Selbstvertrauen und die Motivation, auch komplexere Aufgaben in Angriff zu nehmen und deine größeren Pläne zu verwirklichen. Denk daran, dass dich jeder kleine Schritt näher in Richtung deines Ziels bringt.

Fazit:

Die Fähigkeit, unerschütterliche Motivation aufzubauen, ist entscheidend, um umsatzbringende Ideen zu entwickeln und bevorstehende Aufgaben sofort anzugehen, anstatt sie unnötig aufzuschieben. Durch die Überwindung hinderlicher Überzeugungen, das Erlangen von Klarheit über die nächsten Schritte und das Überwinden der Wahrnehmung, dass Aufgaben zu aufwendig oder groß erscheinen, kannst du diesen Prozess maßgeblich vorantreiben.

Die Anwendung des 80-Prozent-Ansatzes, kombiniert mit der effektiven Planung durch Timeboxing, ermöglicht es dir, Aufgaben zeiteffektiv zu priorisieren und gezielt umzusetzen. Das hilft, die allzu menschliche Tendenz zum Vermeidungsverhalten zu umgehen.

Indem du dir kleine, erreichbare Ziele setzt, für ihre Erreichung realistische Fristen festlegst und dich an deine eigenen Zeitvorgaben hältst sowie bei der Umsetzung mit der einfachsten Aufgabe beginnst, schaffst du eine solide Grundlage für dauerhafte Motivation und Leistungsfähigkeit. Diese Strategien sind nicht nur theoretische Konzepte, sondern praktische Werkzeuge, die dich dazu befähigen, produktiver zu sein und gleichzeitig ein erfülltes und ausgewogenes Leben zu führen.

Abschließend lässt sich sagen, dass der Schlüssel zum Erfolg darin liegt, sich nicht von der Größe der Aufgabe überwältigen zu lassen, sondern sie in handhabbare Teile zu zerlegen und sich auf das Wesentliche zu konzentrieren. Mit dieser Herangehensweise kannst du die Hindernisse überwinden, die dich bisher zurückgehalten haben, und deinen Weg zum Erfolg ebnen.

Wie du Laserfokus und eine beispiellose Disziplin entwickelst, sodass du alles zu Ende bringst, was du angefangen oder dir vorgenommen hast

In einer Welt voller Ablenkungen und eines ständigen Informationsflusses ist es entscheidend, dass du einen Laserfokus und eine beispiellose Disziplin entwickelst, um deine Ziele zu erreichen und alles zu Ende zu bringen, was du angefangen hast.

Hierbei ist Fokus nichts anderes als konzentrierte Aufmerksamkeit. Das bedeutet, dass wir schlecht fokussiert arbeiten, wenn zu viele Dinge unsere Aufmerksamkeit beanspruchen. Du kannst dir unsere Aufmerksamkeit wie einen Scheinwerfer vorstellen, der nur eine begrenzte Fläche erhellen kann. Wenn wir versuchen, das Licht weiter zu streuen, verliert es an Intensität und Effektivität. Genauso verhält es sich auch mit unserer Aufmerksamkeit. Laserfokus bedeutet für mich in diesem Kontext also, dass wir unsere Aufmerksamkeit präzise auf eine einzige Sache ausrichten, die wir konsequent zu Ende bringen, ohne uns dabei von etwas anderem ablenken zu lassen. Halten wir diese Art von Fokus diszipliniert aufrecht, dann eröffnen wir uns damit den Weg zu einem rasant wachsenden Business.

Aber durch was wird unsere Aufmerksamkeit beeinträchtigt? Sie kann durch eine Vielzahl von Faktoren gestört werden. Die häufigsten Störfaktoren sind diese:

1. **Umwelteinflüsse:** Unsere unmittelbare Umgebung kann einen erheblichen Einfluss auf unsere Konzentration haben. Lärm, Unordnung oder eine schlechte Ergonomie am Arbeitsplatz können dazu führen, dass wir leicht ablenkbar und weniger fokussiert sind.

2. **Digitale Ablenkungen:** In der heutigen Zeit sind wir ständig von digitalen Geräten umgeben. E-Mails, soziale Medien, Nachrichten und andere Benachrichtigungen nehmen häufig unsere Aufmerksamkeit in Anspruch und lenken uns vom Wesentlichen ab.

3. **Zu viele Projekte und Prioritäten:** Wenn wir uns zu vielen Projekten gleichzeitig widmen, kann es schwierig sein, sich auf das zu konzentrieren, was wirklich wichtig ist. Das führt zu einer Zersplitterung unserer Aufmerksamkeit und verhindert, dass wir uns voll und ganz auf eine Aufgabe konzentrieren.

4. **Persönliche Stressfaktoren:** Persönliche Sorgen oder Stress können ebenfalls unsere Aufmerksamkeit beeinträchtigen. Wenn sich unsere Gedanken um persönliche Probleme drehen, kann es schwierig sein, sich auf berufliche Aufgaben zu konzentrieren.

5. **Fehlende Zielsetzung:** Ohne klare Ziele und eine definierte Richtung kann es schwierig sein, sich zu fokussieren. Ziele helfen, unsere Aufmerksamkeit zu lenken und Prioritäten zu setzen.

Um diesen Herausforderungen wirksam zu begegnen, ist es wichtig, Strategien zu entwickeln, die es uns ermöglichen, unsere Aufmerksamkeit effektiv zu steuern und uns besser auf eine Sache zu fokussieren. Hier sind wertvolle Tipps, die unseren Kunden dabei schon geholfen haben:

1. Ein ruhiger, aufgeräumter Arbeitsplatz kann die Konzentration erheblich verbessern. Hierzu zählt nicht nur der physische Arbeitsplatz, sondern auch der Desktop, Browser-Tabs und Ordnerstrukturen.

   Mein Tipp: Räume deinen Arbeitsplatz immer abends auf und bereite ihn für den nächsten Tag vor, insbesondere wenn du kein Büro oder eine Reinigungskraft hast.

2. Lege feste Zeiten für das Überprüfen von E-Mails oder sozialen Medien fest, statt ständig zwischendurch nachzuschauen. Lerne, deine Impulse zu kontrollieren, bevor du unnötig Zeit verschwendest.

3. Konzentriere dich auf eine einzige Aufgabe und schließe Projekte ab, bevor du neue anfängst, sonst besteht die Gefahr, dass die Qualität deiner Arbeit darunter leidet und dein Stresslevel steigt.

4. Setze klare Prioritäten und konzentriere dich auf wesentliche Engpässe in deinem Business, statt beiläufige Probleme zu lösen, die gar nicht so sehr ins Gewicht fallen.

5. Definiere klare, messbare und erreichbare Ziele auf Basis der Erkenntnisse aus diesem Buch. Diese geben dir eine Richtung vor, in die du deine Aufmerksamkeit lenken und mit der du bessere Entscheidungen treffen kannst.

Indem du diese Techniken anwendest und deinen Fokus bewusst steuerst, kannst du einen Laserfokus und eine Disziplin entwickeln, die es dir ermöglichen, deine Aufgaben effektiv zu erledigen und deine Ziele zu erreichen.

Wie baust du eine beispiellose Disziplin auf?

Disziplin ist wie das Fundament eines Hauses - unerlässlich für Stabilität und Langlebigkeit. Sie bildet die Grundlage für langfristigen Erfolg und das Erreichen von Zielen. Dabei ist jede deiner täglichen Gewohnheiten wie ein Ziegelstein, der dieses Fundament schwächt oder stärker macht.

Haben wir schlechte Angewohnheiten wie zum Beispiel das ständige Überprüfen des Smartphones oder das Aufschieben wichtiger Aufgaben, ist das vergleichbar mit brüchigen Steinen in unserem Fundament. Diese Gewohnheiten untergraben die Stabilität unserer Disziplin ähnlich wie Wasser, das langsam, aber sicher das Fundament eines Hauses erodiert. Auf der anderen Seite stärken gute Gewohnheiten wie das Setzen und Einhalten fester Arbeitszeiten oder das regelmäßige Planen und Überprüfen unserer Ziele unser Fundament, genauso wie qualitativ hochwertige Ziegelsteine ein Haus stabil und robust machen.

Der Prozess, schlechte Gewohnheiten zu erkennen und zu ändern, ist vergleichbar mit einer Renovierung. Es erfordert Selbstreflexion und die Bereitschaft, alte, nicht mehr tragfähige Strukturen einzureißen und durch stärkere, effektivere Praktiken zu ersetzen. So wie ein Hausbesitzer regelmäßig sein Eigentum inspizieren muss, um Probleme frühzeitig zu erkennen und zu beheben, müssen wir unsere Gewohnheiten und Routinen ständig überwachen und verbessern.

Die eigentliche Herausforderung beim Aufbau einer beispiellosen Disziplin besteht jedoch darin, immer wieder die Entscheidung zu treffen, a) in die Umsetzung zu gehen und b) sich auf eine einzige Sache zu konzentrieren. Triffst du diese Entscheidung immer wieder - auch wenn es noch so viele Ausreden und Rechtfertigungen gibt, sie nicht zu treffen -, dann bist du in der Lage, Disziplin aufbauen. Das heißt, Disziplin ist nicht die Voraussetzung für die Entscheidung, sondern die Konsequenz.

Fazit:

Um einen Laserfokus und eine beispiellose Disziplin zu entwickeln, die es dir ermöglichen, alles zu Ende zu bringen, was du angefangen oder dir vorgenommen hast, ist es unerlässlich, ein tiefes Verständnis für die Natur der Aufmerksamkeit und die Kraft der Gewohnheit zu entwickeln. In einer Welt, die von Ablenkungen und ständigem Informationsfluss geprägt ist, erfordert es ein hohes Maß an Selbsterkenntnis und die Bereitschaft, bewusste und manchmal unbequeme Entscheidungen zu treffen.

Deine Aufmerksamkeit ist wie ein Scheinwerfer, der nur dann effektiv ist, wenn er gezielt eingesetzt wird. Indem du dich auf eine einzige Sache konzentrierst und diese konsequent zu Ende bringst, stärkst du nicht nur deinen Fokus, sondern eröffnest dir auch den Weg zu einem rasant wachsenden Business. Die Herausforderungen, die deine Aufmerksamkeit beeinträchtigen, wie Umwelteinflüsse, digitale Ablenkungen, zu viele Projekte und Prioritäten, persönliche Stressfaktoren und eine fehlende Zielsetzung, müssen erkannt und bewältigt werden.

Das Schaffen einer förderlichen Arbeitsumgebung, das Festlegen klarer Prioritäten und das Setzen messbarer Ziele sind entscheidende Schritte auf diesem Weg. Ebenso wichtig ist es, schlechte Gewohnheiten, die deine Disziplin untergraben, zu erkennen und zu ändern. Gute Gewohnheiten hingegen stärken deine Disziplin und tragen dazu bei, dass du deine Ziele effektiv und nachhaltig erreichst.

Der wahre Schlüssel zum Aufbau einer beispiellosen Disziplin liegt jedoch in der kontinuierlichen Entscheidung, in die Umsetzung zu gehen und sich auf eine einzige Sache zu konzentrieren. Diese Entscheidung immer wieder zu treffen - trotz aller möglichen Ausreden und Rechtfertigungen - bildet das wahre Fundament deiner Disziplin. Es ist ein Prozess, der Geduld, Ausdauer und Engagement erfordert, aber mit einem erfolgreichen, zielgerichteten und erfüllten Leben und Business belohnt wird.

Wie du Prioritäten wie die Top 1 Prozent aller Unternehmer setzt, sodass du an einem Tag so viel schaffst wie sonst in zwei bis drei Tagen

Um Prioritäten zu setzen, wie es die Top 1 Prozent aller Unternehmer tun, und dadurch an einem Tag so viel zu schaffen wie sonst in zwei bis drei Tagen, ist es wichtig, eine strategische und fokussierte Herangehensweise zu wählen. Die erfolgreichsten Unternehmer haben verstanden, dass nicht alle Aufgaben gleichbedeutend sind und dass die Kunst des Priorisierens darin besteht, die wichtigsten und wirkungsvollsten Aktivitäten zu identifizieren und sich darauf zu konzentrieren.

Dafür braucht es eine engpassorientierte Denkweise. Aber was ist damit gemeint? Betrachte dein Unternehmen als einen großen Fluss. Dieser Fluss steht für ständig stattfindende Aktivitäten, Prozesse und Projekte in deinem Unternehmen.

Normalerweise fließt das Wasser - stellvertretend für deine Ressourcen, Energie und Zeit - reibungslos und effizient in Richtung Meer, welches das ultimative Ziel deines unternehmerischen Erfolgs symbolisiert. Ein Engpass ist in dieser Darstellung vergleichbar mit einer engen Schlucht oder einem verengten Kanal, durch die der Fluss hindurchfließen muss. An dieser Stelle verlangsamt sich der Strom oder wird sogar blockiert. Das Wasser staut sich, die Effizienz des Flusses wird beeinträchtigt und das Erreichen des Meeres verzögert sich.

In deinem Unternehmen können solche Engpässe verschiedene Formen annehmen: ineffiziente Prozesse, unzureichende Ressourcen oder fehlende Fähigkeiten im Team. Diese Engpässe wirken wie eine Verengung, die den Fluss des Geschäfts behindert. Deine Aufgabe als Unternehmer ist es, diese Engpässe zu identifizieren und zu erweitern oder zu beseitigen, damit der Fluss deines Unternehmens sich wieder kraftvoll in Richtung Ziel bewegen kann. Durch das Erkennen und Beseitigen dieser Engpässe kann der Fluss deiner geschäftlichen Aktivitäten wieder ungehindert fließen, was zu einem effizienteren, produktiveren und letztendlich erfolgreicheren Unternehmen führt.

Engpassorientiertes Denken bedeutet, dass du dich auf die kritischen Bereiche deines Unternehmens konzentrierst, die den größten Einfluss auf Fortschritt und Erfolg haben. Es geht darum zu erkennen, wo der Fluss deiner geschäftlichen Aktivitäten durch Hindernisse gehemmt wird und wie du diese Hindernisse beseitigen kannst, um einen freien und starken Fluss zu ermöglichen. Diese Denkweise bedeutet auch, proaktiv und vorausschauend zu handeln. Anstatt auf Probleme erst zu reagieren, wenn sie auftreten, identifizierst du mögliche Engpässe schon vorab und ergreifst Maßnahmen, um sie durchlässiger zu machen. Das erfordert ein tiefes Verständnis deines Unternehmens, seiner Prozesse und des Marktes, in dem du tätig bist. Darüber hinaus erfordert eine engpassorientierte Denkweise eine ständige Bereitschaft zur Anpassung und Flexibilität. Der Markt und die Geschäftswelt sind dynamisch und verändern sich ständig, was bedeutet, dass Engpässe, die heute relevant sind, morgen vielleicht schon nicht mehr existieren. Daher ist es wichtig, anpassungsfähig zu sein und sich schnell auf neue Umstände einstellen zu können.

Um diese Denkweise in deinen unternehmerischen Alltag zu integrieren, kannst du folgende Schritte unternehmen:

1. **Führe regelmäßig Analysen durch:** Nimm dir regelmäßig Zeit, um dein Unternehmen zu analysieren und mögliche Engpässe zu identifizieren. Das kann durch interne Überprüfungen, Feedback von Mitarbeitern oder die Analyse von Unternehmenszahlen geschehen.

2. **Setze die richtigen Prioritäten:** Entscheide, welche Engpässe die höchste Priorität haben und richte deine Ressourcen und Anstrengungen darauf aus. Manchmal kann die Lösung eines einzelnen Engpasses eine Kettenreaktion positiver Veränderungen im gesamten Unternehmen auslösen.

3. **Ergreife Maßnahmen:** Entwickle Strategien und setze sie um, um die identifizierten Engpässe zu beseitigen oder zu minimieren. Das kann die Einführung neuer Technologien, Marketingkonzepte, die Schulung von Mitarbeitern oder die Umstrukturierung von Prozessen umfassen.

4. **Messe die Erfolge und optimiere:** Überprüfe regelmäßig den Erfolg deiner Maßnahmen. Nutze Geschäftsdaten und Feedback, um den Einfluss deiner Strategien auf den Unternehmenserfolg zu messen und anzupassen.

Doch wie sehen die Analysen aus und worauf ist genau zu achten? Hierbei schaue ich mir immer die Prozesse an, wie ein Interessent zum Kunden wird und wie ich diese betreue. Dabei haben wir bei uns fünf grundlegende Engpässe identifiziert, auf deren Basis wir Entscheidungen treffen, um unsere unternehmerische Infrastruktur auszubauen:

- **Engpass 1 – Du hast zu wenige Leads:** Dieser Engpass tritt auf, wenn dein Unternehmen nicht genügend potenzielle Kunden oder Anfragen generiert. Ohne eine stetige Zufuhr von Leads kann dein Unternehmen nicht wachsen. Du kannst zwar die besten Produkte oder Verkaufsprozesse haben, aber ohne die Aufmerksamkeit von Interessenten oder Kundenanfragen bringt dir die beste Infrastruktur nichts. Die Lösung liegt in der Verbesserung der Marketingstrategien, wie der Optimierung der Onlinepräsenz, dem Ausbau von Netzwerken oder der Durchführung gezielter Werbekampagnen, um die Zielgruppe effizienter zu erreichen.

- **Engpass 2 – Du verschwendest unnötig Zeit mit unqualifizierten Leads:** Wenn du viel Zeit mit Interessenten verbringst, die letztendlich nicht zu zahlenden Kunden werden, reduziert das deine Effizienz erheblich. Hier ist es wichtig, einen effektiven Qualifizierungsprozess zu implementieren, der sicherstellt, dass du nur Zeit in Leads investierst, die eine hohe Wahrscheinlichkeit haben, zu Kunden zu werden. Das kann durch ein ausgefeiltes Lead-Scoring-System oder durch klar definierte Kriterien für qualifizierte Leads erreicht werden.

- **Engpass 3 – Du hast zu wenig neue Kunden:** Dieser Engpass bezieht sich auf die Konversionsrate von Leads zu zahlenden Kunden. Eine niedrige Konversionsrate kann auf Probleme im Verkaufsprozess oder mangelnde

Überzeugungskraft in deinen Verkaufspräsentationen hindeuten. Um diesen Engpass zu überwinden, solltest du deine Verkaufstechniken überarbeiten, möglicherweise durch Schulungen für dich und dein Verkaufsteam, um effektivere Verkaufsgespräche zu führen und mehr Abschlüsse zu erzielen.

- **Engpass 4 – Du hast zu wenig Zeit, um deine Kunden zu betreuen:** Kundenservice ist entscheidend für die Kundenzufriedenheit und -bindung. Wenn du zu wenig Zeit hast, um deine Kunden angemessen zu betreuen, kann das zu Unzufriedenheit und letztlich zum Verlust von Kunden führen. Eine Lösung könnte darin bestehen, Prozesse zu automatisieren, zusätzliche Ressourcen für den Kundenservice bereitzustellen oder dein Zeitmanagement zu verbessern, um sicherzustellen, dass Kunden die Aufmerksamkeit erhalten, die sie benötigen. Beispielsweise war die Bereitstellung eines umfassenden Online-Videokurses für unsere Kunden ein Gamechanger in unserem Coaching. Dadurch konnten sie von jedem Endgerät aus auf neue Lektionen und Erkenntnisse zugreifen, was unseren Betreuungs- und Supportaufwand reduzierte und es uns ermöglichte, uns auf wesentliche Entscheidungen mit unseren Kunden zu konzentrieren, die einen größeren Mehrwert brachten.

- **Engpass 5 – Du bindest deine Kunden zu wenig:** Kundenbindung ist ein Schlüsselfaktor für langfristigen Erfolg. Wenn Kunden nach dem Kauf nicht weiter engagiert bleiben, verpasst du die Gelegenheit, aus ihnen langfristige und wiederkehrende Kunden zu machen. Entwickle Strategien zur Kundenbindung wie regelmäßige Follow-ups, personalisierte Angebote, Treueprogramme oder exzellenten Aftersales-Service, um eine stärkere

Beziehung zu deinen Kunden aufzubauen und sie langfristig an dein Unternehmen zu binden.

Engpässe sind in der Regel mit einem Mangel an finanziellen oder zeitlichen Ressourcen verbunden. Durch das Erkennen dieser Engpässe, das Ergreifen gezielter Maßnahmen sowie das Setzen richtiger Prioritäten kannst du dein Unternehmen effizienter machen und schneller wachsen lassen. Leider stellen wir in unseren Kursen und Schulungen immer wieder fest, dass Selbstständige zwar die richtigen Maßnahmen ergreifen, aber zum falschen Zeitpunkt, wenn noch keine signifikanten Probleme aufgetreten sind.

Indem du die engpassorientierte Denkweise verinnerlichst und anwendest, verhinderst du, dass du wertvolle Ressourcen und Zeit in Bereiche investierst, die aktuell nicht den größten Bedarf an diesen Maßnahmen haben. Es geht darum, proaktiv zu sein und sich auf die Bereiche zu konzentrieren, die den größten Einfluss auf das Wachstum deines Unternehmens und deinen Erfolg haben. Das Erkennen und Lösen dieser Engpässe ermöglicht es dir, nicht nur effizienter und produktiver zu arbeiten, sondern auch strategische und fundierte Entscheidungen zu treffen, die dein Unternehmen voranbringen. Anstatt dich in der Vielfalt der täglichen Aufgaben zu verlieren, fokussierst du dich auf das Wesentliche und sicherst damit den langfristigen Erfolg deines Unternehmens. Durch das Beseitigen dieser Engpässe schaffst du Raum für Innovation, Kreativität und Wachstum. Du transformierst Herausforderungen in Chancen und baust ein widerstandsfähiges, agiles Unternehmen auf, das in der Lage ist, sich schnell an veränderte Marktbedingungen anzupassen.

Zusammenfassend kann man sagen, dass die Fähigkeit, Prioritäten zu setzen wie die Top 1 Prozent der Unternehmer, kein Geheimnis, sondern das Ergebnis einer engpassorientierten, strategischen und fokussierten Herangehensweise ist. Indem du diese Methode anwendest, kannst du die Produktivität und Effizienz deines Unternehmens deutlich steigern und an einem Tag so viel erreichen wie sonst an zwei bis drei Tagen.

Wie du ineffiziente Prozesse oder unnötige Zeitfresser beseitigst, die zu stressigen 60- oder 80-Stunden-Wochen in deiner Selbstständigkeit führen

Das Streben nach Freiheit und Selbstbestimmung ist ein zentraler Antrieb für viele Selbstständige. Ironischerweise kann aber gerade dieser Wunsch nach Unabhängigkeit zu ineffizienten Prozessen führen, die unnötig Zeit kosten und statt Freiheit eher stressige 60- oder 80-Stunden-Wochen mit sich bringen. Der Widerstand vieler Selbstständiger gegen feste Strukturen und Prozesse, oft aus Angst, Abhängigkeiten zu schaffen, führt paradoxerweise dazu, dass ihre Arbeitsabläufe unsystematisch stattfinden und deshalb nicht mehr effizient genug sind. Diese mangelnde Strukturierung und Prozessoptimierung führt außerdem dazu, dass sich sogenannte Zeitfresser einschleichen.

Um sich das besser vorstellen zu können, kann man das Bild eines Gärtners heranziehen, der einen wilden, unstrukturierten Garten hat. Am Anfang nimmt er sich die Freiheit, die Pflanzen nach Lust und Laune wachsen zu lassen, ohne irgendwelche Begrenzungen wie Gartenwege, Zäune oder Beete. Mit der Zeit stellt er jedoch fest, dass diese Vorgehensweise mehr Arbeit macht, da die Pflanzen überhandnehmen, das Unkraut sich ausbreitet und der Garten bald mehr Zeit und Mühe in Anspruch nimmt, als ihm lieb ist. Hätte der Gärtner von Anfang an mehr Struktur in den Garten gebracht, zum Beispiel durch klar abgegrenzte Beete, effiziente Bewässerungssysteme und eine geplante Bepflanzung, wäre sein Garten nicht nur übersichtlicher und pflegeleichter, sondern auch viel ertragreicher geworden.

Ähnlich verhält es sich bei Selbstständigen: Durch die Einführung von Strukturen und effizienten Abläufen schaffen sie in Wirklichkeit die Voraussetzungen für mehr Freiheit und weniger Stress, weil sie ihre Arbeitsbelastung besser bewältigen können und mehr Zeit für das Wesentliche haben.

Beispiel: Grafikdesigner mit eigenem kleinen Unternehmen

Max ist ein selbstständiger Grafikdesigner, der sich auf Branding und Webdesign für kleine und mittelständische Unternehmen spezialisiert hat. Ursprünglich genoss er die Freiheit, ohne feste Strukturen zu arbeiten, doch bald stellte er fest, dass er in stressigen Wochen bis zu 80 Stunden arbeitete. Seine Hauptprobleme waren eine unstrukturierte Kommunikation mit Kunden, ein ineffizientes Projektmanagement und eine fehlende Automatisierung bei wiederkehrenden Aufgaben.

- **Schritt 1: Strukturierung der Kundenkommunikation:** Max führte ein Kundenmanagement-System ein, um alle Anfragen, Feedbacks und Änderungswünsche zentral zu erfassen und zu bearbeiten. Statt ständig E-Mails zu checken, etablierte er feste Zeiten für die Kommunikation und informierte seine Kunden über dieses Vorgehen.

- **Schritt 2: Effizientes Projektmanagement:** Er nutzte eine Projektmanagement-Software, um seine Projekte besser zu organisieren. Jedes Projekt erhielt einen klaren Zeitplan, Meilensteine und Deadlines. So konnte Max seine Arbeit besser planen und hatte einen klaren Überblick über anstehende Aufgaben und den Fortschritt der einzelnen Projekte.

- **Schritt 3: Automatisierung wiederkehrender Aufgaben:** Max automatisierte Standardprozesse wie Rechnungsstellung, Vertragsvorlagen und das Einholen von Kundenfeedback. Er richtete Vorlagen für Angebote und Rechnungen ein, die er mit wenigen Klicks anpassen und versenden konnte, wodurch er viel Zeit sparte.

- **Das Ergebnis:** Durch diese Maßnahmen konnte Max seine Arbeitszeit erheblich reduzieren, während er gleichzeitig seine Produktivität und Kundenzufriedenheit steigerte. Er hatte nun mehr Zeit für kreative Arbeit und die Weiterentwicklung seines Unternehmens. Außerdem konnte er sich wieder mehr Freizeit gönnen, was zu einer besseren Work-Life-Balance führte.

Dieses Beispiel zeigt, wie die Einführung von Strukturen und effizienten Prozessen einem Selbstständigen helfen kann, seine Arbeit effektiver zu gestalten und gleichzeitig mehr Freiheit und Lebensqualität zu gewinnen. Das heißt, Freiheit und Selbstbestimmung entstehen nicht durch die Abwesenheit von Prozessen und Strukturen, sondern werden erst durch ihre Existenz ermöglicht. Das ist der Grund, warum freiheitsliebende Selbstständige oft am wenigsten frei sind.

Doch was sind die häufigsten Bereiche ineffizienter Prozesse oder Zeitfresser, die Selbstständige identifizieren und eliminieren sollten, um effektiver arbeiten und mehr Freiheit im Alltag genießen zu können? Hier sind die 30 häufigsten Probleme, die wir in unseren Coachings mit unseren Kunden immer wieder lösen. Nutze sie als Checkliste, um in deinem eigenen Business aufzuräumen und mehr Struktur zu schaffen:

Organisation und Planung:

- Unorganisierte Arbeitsumgebung
- Mangelnde Tages- und Wochenplanung
- Fehlende Zielsetzung und Planung
- Unklare Prioritätensetzung
- Schlechtes Zeitmanagement und Prokrastination

- Perfektionismus bei unwichtigen Aufgaben
- Zu viele gleichzeitige Projekte
- Verzettelung in Details statt Fokus auf das Wesentliche
- Fehlende Routinen und Strukturen im Tagesablauf
- Unproduktive Gewohnheiten und Routinen

Kommunikation und Delegation:
- Unstrukturierte E-Mail-Kommunikation
- Unklare Kommunikationswege und -richtlinien
- Unnötige Meetings ohne klare Agenda
- Zu späte Reaktion auf Kundenanfragen
- Mangelnde Delegation von Aufgaben
- Unklare Verantwortlichkeiten und Zuständigkeiten

Technologie und Automatisierung:
- Nicht automatisierte Terminvereinbarungen
- Kaum Automatisierung wiederkehrender Aufgaben
- Zu viel Zeit für Recherche und Informationsbeschaffung
- Fehlende Standardisierung von Arbeitsabläufen
- Ineffiziente Buchhaltungs- und Rechnungsprozesse

Kundenmanagement und Vertrieb:
- Unstrukturierte Kundenakquise und Nachverfolgung
- Fehlende Prozesse für Kundenfeedback und -betreuung
- Zu wenig Investition in persönliche Weiterbildung
- Nicht effektiv gestaltete Kundenschnittstellen
- Häufiges Überprüfen von sozialen Medien

Arbeitsumgebung und -kultur:
- Mangelnde Pausen und Erholungszeiten
- Zu häufige Unterbrechungen und Ablenkungen
- Fehlende Überprüfung und Optimierung von Prozessen
- Verzögerungen durch Entscheidungsunsicherheit

Diese Checkliste enthält eine kleine Auswahl von ineffizienten Prozessen oder Zeitfressern, die unseren Kunden helfen, systematisch Bereiche zu identifizieren, die Energie, Geld oder Zeit kosten, ohne einen entsprechenden Mehrwert zu liefern. Durch die gezielte Beseitigung dieser Zeitfresser und ineffizienten Prozesse lassen sich 15 bis 25 Stunden Arbeitszeit pro Woche einsparen, aber dennoch die Produktivität steigern und mehr Freiraum im unternehmerischen und privaten Leben schaffen.

Falls du Unterstützung bei der Umsetzung dieser Punkte benötigst und dich für die besten Strategien zur Lösung dieser Herausforderungen und für mehr Freiheit und Selbstbestimmung in deinem Business interessierst, dann zögere nicht, uns zu kontaktieren. Buche dir ein kostenloses Erstgespräch unter **theoutperformer.de**. In diesem Gespräch können wir auf Basis deiner aktuellen Situation die besten und effektivsten Strategien aufzeigen, mit denen du nicht nur mehr Zeit gewinnst, sondern auch deinen Umsatz steigern kannst. Wir freuen uns darauf, gemeinsam mit dir Wege zu finden, wie du dein Geschäft auf das nächste Level bringen und gleichzeitig ein ausgeglicheneres Leben führen kannst. Melde dich jetzt an und starte in ein effizienteres, produktiveres und erfüllteres Unternehmerleben!

Fazit:

Effektives Zeitmanagement und die Eliminierung ineffizienter Prozesse und Zeitfresser sind entscheidend für Erfolg und Zufriedenheit in der Selbstständigkeit. Während sich viele Selbstständige nach Freiheit und Selbstbestimmung sehnen, führt paradoxerweise gerade der Widerstand gegen Strukturen und Prozesse oft zum genauen Gegenteil, nämlich zu stressigen Arbeitswochen und einem Mangel an Freiräumen. Die Analogie des Gärtners, der seinen Garten zunächst wild wuchern lässt und dann merkt, dass eine gewisse Strukturierung und Planung nicht nur weniger Arbeit, sondern auch mehr Ertrag bringen, verdeutlicht diesen Punkt sehr gut.

Die Geschichte von Max, dem Grafikdesigner, macht deutlich, wie die Einführung einfacher Strukturen und Automatisierungen ihm geholfen hat, seine Arbeitswoche erheblich zu verkürzen, seine Produktivität zu steigern und eine bessere Work-Life-Balance zu erreichen. Sein Beispiel zeigt, dass Freiheit und Selbstbestimmung nicht durch Abwesenheit, sondern durch den intelligenten Einsatz von Prozessen und Strukturen erreicht werden.

Die vorgestellte Checkliste mit 30 häufigen Zeitfressern und ineffizienten Prozessen ist eine wertvolle Hilfe für Selbstständige, um die eigenen Arbeitsabläufe zu überprüfen und zu optimieren. Durch das Erkennen und Beseitigen dieser Probleme kann jeder Selbstständige nicht nur viel Arbeitszeit einsparen, sondern auch wieder mehr Zeit für andere wichtige Dinge in seinem beruflichen und persönlichen Alltag gewinnen.

Letztendlich liegt der Schlüssel zu mehr Freiheit und Selbstbestimmung in der bewussten Gestaltung und Optimierung der eigenen Arbeitsprozesse. Strukturen und effiziente Abläufe sind der Weg zu einem erfüllteren und erfolgreicheren Unternehmerdasein.

Wie du neben Business auch Familie, Hobbys und Sport unter einen Hut bekommst, ohne in deiner Freizeit Angst haben zu müssen, dass die Umsätze einbrechen könnten

In der heutigen schnelllebigen Welt, in der Arbeit und Privatleben oft miteinander verschmelzen, ist es eine große Herausforderung, neben dem Business auch noch ausreichend Zeit für Familie, Hobbys und Sport zu finden. Noch schwieriger wird es, wenn man dabei ständig daran denkt, dass die Umsätze einbrechen könnten, sobald man sich eine Auszeit gönnt. Doch es ist möglich, ein Gleichgewicht zu schaffen, das beruflichen Erfolg mit einem erfüllten Privatleben verbindet.

Besonders in der Anfangsphase erleben viele Selbstständige den Übergang von einer Festanstellung zur Selbstständigkeit mit einem eigenen Unternehmen als eine Art Befreiung. Sie arbeiten nach dem 9-to-5-Job an ihrem eigenen Business und empfinden diese zusätzliche Arbeit nicht als Last, sondern als Schritt in Richtung Unabhängigkeit. Wenn der Punkt erreicht ist, an dem das eigene Business stark genug gewachsen ist, um den regulären Job zu kündigen, fühlt sich das zunächst wie ein großer Erfolg an. Die zusätzlich gewonnene Zeit wird von da an begeistert in das eigene Business investiert.

Allerdings stellt sich nach einer gewissen Zeit oft heraus, dass das Business schleichend mehr und mehr Zeit in Anspruch nimmt und sich das Leben fast ausschließlich darum zu drehen scheint. Der Traum von Freiheit und Selbstbestimmung beginnt, sich ins Gegenteil zu verkehren: Statt ein vielseitiges Leben zu führen, besteht der Alltag nur noch aus Arbeit, um seine Standards aufrechtzuerhalten und nicht den Anschluss an die Berufswelt zu verlieren. Diese Entwicklung, bei der das Business zunehmend mehr Raum im Leben einnimmt und andere wichtige Aspekte verdrängt, ist ein häufiges Phänomen bei Selbstständigen. Es entsteht eine Art Teufelskreis: Je mehr man arbeitet, desto mehr Arbeit gibt es, die erledigt werden muss, und die Freiheit, nach der man ursprünglich gestrebt hat, wird immer mehr zu einer fernen Erinnerung. Die Balance zwischen Arbeit und Privatleben gerät aus dem Gleichgewicht, was nicht selten sowohl auf persönlicher als auch auf professioneller Ebene zu Problemen führt. Dadurch entsteht oft ein Gefühl der Leere und des Ausgebranntseins. Trotz des Erfolges im Business kommt es dann zu einem Mangel an Zufriedenheit und Glück, weil das Leben keine Dynamik mehr aufweist und andere Lebensbereiche vernachlässigt werden.

In dieser Phase ist es entscheidend, innezuhalten und sich selbst die Frage zu stellen: »Wie möchte ich mein Leben zum Ausdruck bringen?« oder »Welches Leben möchte ich leben?«. Die Antwort auf diese Frage sollte die Basis für die Strukturierung des Business sein. Das Ziel ist es, das Business so zu gestalten, dass es dem gewünschten Lebensstil dient und nicht umgekehrt. Es geht darum, ein Business zu schaffen, das Flexibilität und Freiheit ermöglicht, um Zeit für Familie, Hobbys und persönliche Interessen zu haben. Machst du dir keine Gedanken darüber, dann läufst du Gefahr, in eine Falle zu tappen, in der die Arbeit dein Leben bestimmt und andere wichtige Aspekte in den Hintergrund drängt. Die Konsequenzen können vielfältig sein - sie reichen von der Vernachlässigung persönlicher Beziehungen und Gesundheitsproblemen bis hin zu einer tiefgreifenden Unzufriedenheit mit dem, was du eigentlich erreicht hast. Es ist essenziell, bewusst Entscheidungen zu treffen, die nicht nur deinem beruflichen, sondern auch deinem persönlichen Wohlbefinden dienen.

Damit du eine konkrete Vorstellung von deinem idealen Lebensstil als Selbstständiger oder Unternehmer entwickeln kannst, ist es wichtig, durch gezielte Fragen Klarheit über deine Wünsche und Prioritäten zu erlangen. Die 20 kommenden

Fragen sind so aufgebaut, dass sie dich Schritt für Schritt durch diesen Prozess führen und dir helfen, ein umfassendes Bild deines gewünschten Lebensstils zu formen:

1. **Was bedeutet Erfolg für mich persönlich?** Überlege, was Erfolg in deinem Leben wirklich bedeutet. Geht es um finanzielle Sicherheit, Freizeit, kreative Erfüllung oder etwas ganz anderes?

2. **Was sind meine Kernwerte?** Identifiziere die Werte, die dir am wichtigsten sind. Sind es Familie, Gesundheit, Freiheit, Kreativität, Unabhängigkeit oder andere Werte?

3. **Wie möchte ich meinen Alltag gestalten?** Stell dir vor, wie ein idealer Tag in deinem Leben aussieht. Wie viel Zeit möchtest du mit der Arbeit verbringen, und wie viel Zeit möchtest du für andere Aktivitäten haben?

4. **Welche Rolle spielen Reisen in meinem Leben?** Überlege, wie oft und wie lange du im Jahr reisen möchtest. Wie soll die Urlaubsgestaltung aussehen? Möchtest du komplett abschalten oder soll es ein Mix aus Arbeit und Entspannung sein?

5. **Welche Hobbys und Interessen außerhalb meines Business möchte ich verfolgen?** Denk über die Hobbys, Interessen oder Leidenschaften nach, denen du nachgehen möchtest, und überlege, wie du diese in deinen Alltag integrieren kannst.

6. **Wie wichtig sind mir zwischenmenschliche Beziehungen?** Reflektiere über die Bedeutung von Kontakten in deinem Leben. Ziehst du einen breiten Bekanntenkreis vor oder bevorzugst du einen engeren Freundeskreis?

7. **Wie kann ich meine Arbeit effizienter gestalten?** Überlege, welche Aspekte deines Geschäfts automatisiert oder delegiert werden können, um mehr Zeit für andere Lebensbereiche zu gewinnen.

8. **Welche Maßnahmen kann ich ergreifen, um Stress zu reduzieren?** Identifiziere Stressquellen in deinem Leben und überlege, was du unternehmen kannst, um diesen Stress zu verringern.

9. **Wie kann ich sicherstellen, dass meine persönlichen Beziehungen nicht unter meiner Arbeit leiden?** Denk darüber nach, wie du Zeit für deine Liebsten priorisieren kannst.

10. **Was sind meine langfristigen Ziele sowohl im Beruf als auch im Privatleben?** Definiere deine langfristigen Ziele und plane Schritte, wie du sie erreichen kannst, ohne andere wichtige Aspekte deines Lebens zu vernachlässigen.

11. **Welchen Stellenwert haben Gesundheit und Fitness in meinem Leben?** Denk darüber nach, wie du regelmäßige körperliche Aktivitäten und gesunde Gewohnheiten in deinen Alltag integrieren kannst.

12. **Wie möchte ich meine finanzielle Zukunft gestalten?** Überlege, welche finanziellen Ziele du hast und wie du sie erreichen kannst, ohne deine Lebensqualität zu beeinträchtigen.

13. **Wie viel Zeit möchte ich für Ruhe und Entspannung einplanen?** Überlege, wie du bewusst Auszeiten für Entspannung und Erholung in deinen Alltag einbauen kannst und in welcher Form, z. B. Sauna, Massage oder Spaziergänge.

14. **Welche Rolle spielen gesellschaftliches Engagement und ehrenamtliche Tätigkeiten in meinem Leben?** Überlege, ob und wie du dich für die Gemeinschaft oder in sozialen Projekten engagieren möchtest.

15. **Wie möchte ich die Zeit mit meiner Familie verbringen?** Überlege, welche Art von gemeinsamen Aktivitäten oder Traditionen dir wichtig sind und wie du diese regelmäßig in deinen Alltag integrieren kannst.

16. **Was möchte ich meinen Kindern beibringen**? Falls du Kinder hast, denk darüber nach, welche Werte und Lektionen du ihnen vermitteln möchtest und wie du das in deinem täglichen Leben umsetzen kannst.

17. **Wie kann ich meine Kreativität und Leidenschaften außerhalb des Business fördern?** Denk darüber nach, wie du deine kreativen Interessen und Leidenschaften pflegen kannst, die nicht direkt mit deinem Business verbunden sind.

18. **Was will ich in der Welt hinterlassen?** Denk darüber nach, welches Vermächtnis du hinterlassen möchtest, sowohl in beruflicher als auch in persönlicher Hinsicht. Was möchtest du erreichen, damit du am Ende deines Lebens zurückblicken kannst und das Gefühl hast, etwas Bedeutungsvolles geschaffen zu haben?

19. **Wie definiere ich persönliches Glück und Zufriedenheit?** Reflektiere darüber, was für dich wirklich zählt, um ein Gefühl von Glück und Zufriedenheit in deinem Leben zu empfinden.

20. **Wie kann ich mich selbst besser kennenlernen und meine innere Stimme stärken?** Überlege, welche Prak-

tiken oder Techniken dir helfen könnten, mehr über dich selbst zu erfahren und deine innere Stimme zu stärken, um authentische Entscheidungen treffen zu können.

Diese Fragen sollen dich dabei unterstützen, ein tiefgreifendes Verständnis für das zu entwickeln, was dir im Leben wirklich wichtig ist, und dir helfen, einen Lebensstil zu schaffen, der sowohl berufliche Erfüllung als auch persönliches Glück und Familienharmonie beinhaltet. Bei der Beantwortung der Fragen gibt es kein richtig oder falsch. Es ist am Ende wichtig, dass du ehrlich zu dir selbst bist und Entscheidungen triffst, die deinen wahren Wünschen und Bedürfnissen entsprechen. Der Prozess der Selbstreflexion sollte eine Gelegenheit sein, dich selbst und deine wahren Absichten besser zu verstehen. Darauf basierend kannst du dir die ultimative Frage stellen: »Wie baue ich mein Unternehmen so auf, dass es kontinuierlich wächst und mir die Möglichkeit gibt, das Leben zu führen, nach dem ich mich sehne?«

Angesichts der Komplexität und Individualität der Herausforderungen, mit denen Selbstständige konfrontiert sind, ist es klar, dass es nicht nur eine einzige Lösung gibt, die für alle Selbstständigen geeignet ist. In unserer Betreuung arbeiten wir mit Alleinerziehenden mit mehreren Kindern bis hin zu Unternehmern, die ein Team führen und gleichzeitig ihre persönlichen Interessen verfolgen wollen. Dabei stellen wir immer wieder fest, dass die Anforderungen und Umstände sehr unterschiedlich sind.

Wenn du dich in einer ähnlichen Situation befindest und nach maßgeschneiderten Lösungen suchst, um Beruf, Familie, Freizeit und Sport erfolgreich unter einen Hut zu bringen, empfehlen wir dir, ein persönliches Erstgespräch mit uns zu vereinbaren. In diesem Gespräch können wir gemeinsam deine spezifische Situation besprechen und individuelle Strategien entwickeln, die dir helfen, mehr Ordnung und Struktur in dein Leben zu bringen.

Alternativ kannst du auch Schritt für Schritt die Erkenntnisse und Methoden aus diesem Buch in die Praxis umsetzen. Die vorgeschlagenen Selbstreflexionsfragen und Handlungsstrategien bieten dir eine solide Grundlage, um damit zu beginnen. Es geht darum, dass du bewusst darüber entscheidest, wie du dein Leben gestalten möchtest, und dann die notwendigen Schritte unternimmst, um dieses Ziel auch tatsächlich zu erreichen.

Es ist durchaus möglich, ein erfülltes und ausgeglichenes Leben zu führen, in dem sich Beruf, Familie und persönliche Interessen harmonisch miteinander verbinden lassen. Das erfordert jedoch die Bereitschaft, sich auf einen Veränderungsprozess einzulassen und aktiv nach Lösungen zu suchen, die deinen individuellen Bedürfnissen entsprechen.

Fazit:

Eine ausgewogene Balance zwischen Business, Familie, Hobbys und Sport zu erreichen ist eine Herausforderung, die viele Selbstständige und Unternehmer kennen. Der Schlüssel liegt darin, ein Gleichgewicht zu finden, das nicht nur beruflichen Erfolg, sondern auch persönliche Erfüllung und Freude am Leben ermöglicht. Wenn man den Schritt in die Selbstständigkeit wagt, ist der Anfang dieser Reise oft von Begeisterung und einem Gefühl der Befreiung geprägt. Doch mit der Zeit kann das Business zunehmend mehr Raum einnehmen und die ursprünglich angestrebte Freiheit wird von einem Gefühl der Überlastung und des Eingespanntseins überschattet.

Um dieser Falle zu entgehen, ist es wichtig, innezuhalten und sich grundlegende Fragen über das eigene Leben und die eigenen Ziele zu stellen. Ein solcher Prozess der Selbstreflexion hilft, Klarheit über die eigenen Werte und Prioritäten zu gewinnen. Es geht darum, das Business so zu strukturieren, dass es den persönlichen Lebensstil unterstützt, anstatt ihn zu dominieren.

Die vorgeschlagenen Fragen dienen als Leitfaden, um sich über die eigenen Wünsche und Bedürfnisse bewusst zu werden. Von der Definition des persönlichen Erfolgs bis hin zur Gestaltung des idealen Alltags - jede dieser Fragen zielt darauf ab, ein tieferes Verständnis für ein erfülltes Leben zu schaffen. Dabei ist es wichtig, ehrliche und authentische Antworten zu finden, die als Grundlage für bewusste und zielgerichtete Entscheidungen dienen.

Letztendlich geht es darum, ein Leben zu schaffen, in dem man nicht nur als Unternehmer erfolgreich ist, sondern auch als Mensch erfüllt lebt. Ein Leben, in dem Arbeit, Familie, Hobbys und Gesundheit miteinander harmonieren. Befindet sich alles im Gleichgewicht, können Selbstständige und Unternehmer nicht nur in ihrem Geschäft, sondern in allen Lebensbereichen wachsen und gedeihen.

Wie du Druck und Stress loswirst, die durch Konkurrenz, Marktschwankungen, Kundenprojekte, steigende Kosten oder Verpflichtungen entstehen

In einer Geschäftswelt, die sich ständig verändert und in der der Wettbewerb immer härter wird, sind Druck und Stress oft allgegenwärtige Begleiter. Konkurrenz, Marktschwankungen, anspruchsvolle Kundenprojekte, steigende Kosten und vielfältige Verpflichtungen können eine enorme Belastung darstellen. Doch es gibt wirksame Wege, mit diesem Druck umzugehen und Stress abzubauen, ohne dass die unternehmerische Leistung darunter leidet.

Zunächst ist es wichtig zu erkennen, dass es hilfreich sein kann, sich an der Konkurrenz zu orientieren, um zu verstehen, welche Marketingbotschaften andere Marktteilnehmer senden. Das hilft dir, die aktuellen Überzeugungen und Einstellungen deiner Zielgruppe zu erkennen oder dich an die aktuellen Marktbedingungen anzupassen. Die Orientierung an der Konkurrenz bietet dir die Möglichkeit zur Schärfung der eigenen Positionierung und zur wirksamen Abgrenzung von der Konkurrenz. Indem du die Stärken und Schwächen deiner Mitbewerber kennst, kannst du deine einzigartigen Vorteile identifizieren und herausstellen. Das hilft dir, eine Nische zu finden oder eine unverwechselbare Marke zu entwickeln, die sich deutlich von der Konkurrenz abhebt.

Hierbei ist zu beachten, dass jedes Level in deinem Business seine eigenen Herausforderungen mit sich bringt und daher individuelle Strategien erfordert. Was dich auf deine jetzige Stufe gebracht hat, gilt nicht unbedingt auch für den Anstieg auf die nächste Stufe. Ein Marktbegleiter, der bereits 10, 50 oder 100 Mal weiter ist, steht vor ganz anderen Herausforderungen wie Skalierung, Teammanagement oder komplexen strategischen Entscheidungen. Sich mit jemandem zu vergleichen, der auf einem ganz anderen Level ist, bringt einen nicht weiter. Es kann sogar kontraproduktiv sein, weil du dadurch den Fokus auf die Aufgaben und Herausforderungen verlieren kannst, die für den Erfolg auf deiner aktuellen Stufe relevant sind.

Aber Vorsicht: Wettbewerbsorientierung wird dysfunktional, wenn sie zu einem ständigen Vergleich mit anderen führt, bei dem du dich regelmäßig schlecht fühlst. Wenn sie zum Zwang wird, weil du ständig Angst hast, etwas zu verpassen oder nicht gut genug zu sein, wird sie kontraproduktiv. Ein solcher negativer Vergleich erzeugt nur unnötigen Druck und Stress, was dich schließlich an deinem Vorankommen hindert. Um das zu vermeiden, solltest du dich lieber darauf konzentrieren, deinen eigenen Weg zu gehen und deine individuellen Stärken und Werte zu nutzen. Erkenne, dass dein Weg einzigartig ist und dein Erfolg nicht davon abhängt, dass du den gleichen Weg wie jemand anderes beschreitest. Letztendlich geht es darum, dass du dich auf deinen eigenen Weg konzentrierst. Nur so kannst du lernen und wachsen. Nutze die Lehren, die du aus der Beobachtung deiner Konkurrenten ziehen kannst, um deine Strategie anzupassen und zu verbessern, aber geh dabei nicht den gleichen Weg wie sie. Dein Erfolg liegt darin, deinen eigenen Weg zu finden, mit einem klaren Fokus auf das, was für dein Unternehmen jetzt und in Zukunft wichtig ist.

Doch wie kannst du dich von dem Druck befreien, der durch das ständige Vergleichen kommt?

Um dem Druck des ständigen Vergleichens wirksam zu begegnen, ist es wichtig, eine gesunde Perspektive zu entwickeln und sich auf die eigenen Fortschritte und Erfolge zu konzentrieren. Im Folgenden findest du neun Profi-Tipps, die unseren Kunden zu mehr Leichtigkeit und Gelassenheit im unternehmerischen Alltag verhelfen:

1. **Setze dir realistische und persönliche Ziele:** Anstatt dich an anderen zu messen, solltest du dir Ziele setzen, die auf deinen eigenen Ambitionen, Ressourcen und Fähigkeiten basieren. Deine Ziele sollten herausfordernd, aber erreichbar sein und dich in deiner persönlichen Entwicklung unterstützen.

2. **Feiere deine Erfolge:** Erkenne deine Fortschritte an und feiere sie, auch wenn sie noch so klein sind. Jeder Schritt in die richtige Richtung ist ein Erfolg und stärkt dein Selbstvertrauen und deine Motivation.

3. **Konzentriere dich auf Lernen und Wachstum:** Betrachte den Wettbewerb als eine Gelegenheit zu lernen und nicht nur als eine Herausforderung. Konzentriere dich darauf, was du aus deinen Erfahrungen lernen kannst, um dich persönlich und beruflich weiterzuentwickeln.

4. **Vermeide ständiges Vergleichen:** Erkenne, dass ständiges Vergleichen nicht nur unnötigen Stress verursacht, sondern auch deine Kreativität und Produktivität hemmt. Jeder hat seinen eigenen Weg und seine eigenen Herausforderungen. Konzentriere dich auf deinen Weg und nicht auf den anderer.

5. **Nutze konstruktives Feedback:** Statt dich auf Vergleiche zu verlassen, konzentriere dich auf das konstruktive Feedback von vertrauenswürdigen Kollegen, Mentoren oder Coaches. Dieses Feedback kann dir wertvolle Einblicke in deine Stärken und Verbesserungsbereiche geben.

6. **Entwickle eine positive Einstellung:** Entwickle eine positive Einstellung zu deinem Unternehmen und zu deinem Leben. Eine positive Einstellung hilft dir, Herausforderungen als Chancen zu sehen und schwierige Situationen besser zu meistern.

7. **Setze Grenzen:** Lerne, dich von negativen Einflüssen abzugrenzen, die deine Konzentration und Energie rauben. Das kann bedeuten, bestimmte soziale Medien oder Nachrichtenquellen zu meiden, die dich zum Vergleichen anregen.

8. **Praktiziere Achtsamkeit:** Atem- und Dankbarkeitsübungen oder das Führen eines Tagebuchs können helfen, den Geist zu beruhigen und sich auf das Hier und Jetzt zu konzentrieren, anstatt auf das, was andere tun.

9. **Inspiration statt Vergleich:** Lass dich von anderen inspirieren, ohne dich direkt mit ihnen zu vergleichen. Nutze ihre Erfolge und Strategien als Quelle der Inspiration, um deine eigenen Ideen zu entwickeln.

Wenn du diese Praktiken anwendest, kannst du den Druck des ständigen Vergleichens reduzieren und dich auf das konzentrieren, was wirklich zählt - deinen eigenen Weg und deine eigene Entwicklung. Denk daran, dass Erfolg nicht bedeutet, besser zu sein als andere, sondern die beste Version von dir selbst zu sein.

Kleiner Tipp:

Kannst du dich noch an Kapitel 1 erinnern? Im Abschnitt »Wie du zur unaufhaltbaren Umsetzungsmaschine wirst und alles schaffst, was du dir vornimmst« habe ich erwähnt, dass hinter jedem Verhalten eine unbewusste Absicht steckt. Das bedeutet, dass wir jede Handlung aus einer für uns positiven Absicht heraus tun - auch, wenn das Verhalten uns über kurz oder lang schaden würde.

In diesem Fall ist es genauso: Wenn du dich ständig mit anderen vergleichst und es nicht lassen kannst, dann liegt das daran, dass ein unbewusster Teil von dir es nicht sein lassen möchte. Hier kann es zum Beispiel sein, dass dieser Teil von dir nach Anerkennung, Bestätigung oder einem Gefühl der Zugehörigkeit sucht. Vielleicht verbirgt sich dahinter das innere Bedürfnis zu sehen, wo du stehst, oder der Wunsch, nicht zurückzubleiben. Es ist wichtig, diese unbewusste Absicht zu erkennen und anzuerkennen.

Sobald du dir dieser unbewussten Motive bewusst bist, kannst du beginnen, sie zu hinterfragen und alternative Verhaltensweisen zu entwickeln, die gesünder und produktiver sind. Statt dich ständig mit anderen zu vergleichen, könntest du zum Beispiel beginnen, deine eigenen Fortschritte zu messen und dich auf deine individuellen Ziele zu konzentrieren. Erkenne, dass dein Wert nicht von deiner Leistung im Vergleich zu anderen abhängt, sondern von deinem eigenen Fortschritt und Wachstum.

Fazit:

In der dynamischen und wettbewerbsintensiven Geschäftswelt von heute ist der Umgang mit Druck und Stress eine zentrale Herausforderung. Es ist wichtig zu erkennen, dass der Vergleich mit der Konkurrenz und die Anpassung an Marktschwankungen zwar notwendig sind, aber gleichzeitig darauf geachtet werden sollte, dass beides sich nicht kontraproduktiv verhält und in einem Stresszustand endet.

Die intensive Auseinandersetzung mit der Konkurrenz und den Marktbedingungen bietet die Chance zur Schärfung der eigenen Positionierung und zur Identifizierung einzigartiger Vorteile. Das kann dazu beitragen, eine Nische zu finden oder eine unverwechselbare Marke zu entwickeln. Jedoch ist es entscheidend, nicht aus den Augen zu verlieren, auf welchem Level sich das eigene Business gerade befindet und sich auf den eigenen Fortschritt zu konzentrieren, anstatt sich in unproduktiven Vergleichen zu verlieren. Deshalb ist es wichtig, die unbewussten Motive hinter ständigem Vergleichen zu verstehen und zu verändern. Durch die Entwicklung eines gesunden Selbstbewusstseins und das Setzen persönlicher, realistischer Ziele kannst du deinen Fokus von anderen auf dich selbst lenken. Das Feiern eigener Erfolge, konstruktives Feedback von anderen und eine positive Grundeinstellung sind dabei weitere unerlässliche Faktoren für den eigenen Erfolg. Achtsamkeitspraktiken wie Atemübungen, Dankbarkeitsübungen und das Führen eines Tagebuchs spielen ebenfalls eine wichtige Rolle, um inneren Frieden zu finden und den Geist zu beruhigen. Statt ständige Vergleiche anzustellen, sollte eher nach Inspiration gesucht werden, um die eigene Kreativität und persönliche Entwicklung zu fördern.

Während ich in diesem Buch allgemeine Strategien und Ansätze zur Bewältigung von Druck und Stress in der Geschäftswelt diskutiere, ist es wichtig zu betonen, dass jede individuelle Situation einzigartig ist. Deshalb ist es entscheidend, dass du als Leser das herausfilterst, was speziell für dich und deine Situation relevant und hilfreich ist. Nicht jede Methode oder Technik wird für jeden gleich effektiv sein. Daher ist es wichtig, die Konzepte an deine persönlichen Bedürfnisse und Umstände anzupassen. Ich ermutige dich, aktiv zu werden und die in diesem Buch vorgestellten Techniken und Tipps auszuprobieren. Durch die Umsetzung dieser Strategien kannst du selbst beobachten, welche Veränderungen sie in deinem beruflichen und persönlichen Leben bewirken. Die Anwendung dieser Methoden und die Reflexion über ihre Wirksamkeit sind entscheidend, um deinen Umgang mit Druck und Stress spürbar zu verbessern.

Denk daran, dass Veränderung ein Prozess ist und es Zeit braucht, neue Gewohnheiten zu entwickeln und effektiv in deinen Alltag zu integrieren. Sei geduldig mit dir selbst und erkenne jeden kleinen Schritt an, den du in Richtung eines ausgeglicheneren Lebens machst. Falls du während dieses Prozesses Unterstützung benötigst oder spezifische Fragen hast, zögere nicht, mein Team und mich zu kontaktieren. Wir sind hier, um dir zu helfen und dich auf deinem Weg zu unterstützen. Ob es um tiefergehende Einblicke in bestimmte Techniken geht, um persönliche Beratung oder um Unterstützung bei der Anpassung dieser Strategien an deine individuellen Bedürfnisse - wir stehen dir gern zur Seite.

KAPITEL IV –

Top-Learnings aus sieben Jahren Selbstständigkeit

Zu Beginn meines Weges in die Selbstständigkeit stieß ich auf ein Zitat von Bill Gates, das sich seitdem tief in mein Gedächtnis eingegraben hat: »Die meisten Menschen überschätzen, was sie in einem Jahr erreichen können, und unterschätzen, was sie in zehn Jahren erreichen können.« Damals konnte ich noch nicht ahnen, wie sehr sich diese Worte für mich bewahrheiten würden.

Jetzt, sieben Jahre später, stehe ich an der Schwelle zu meinem achten Jahr als Selbstständiger, und kann mit Überzeugung sagen, dass dieses Zitat meine Erfahrungen perfekt zusammenfasst. Zu Beginn meiner Selbstständigkeit hätte ich nie gedacht, dass ich erfolgreich sein könnte. Aber wenn ich jetzt zurückblicke, sehe ich, wie weit ich gekommen bin. Im Dezember 2023 haben wir einen weiteren Monat mit einem Abschlussvolumen von 143.000 Euro abgeschlossen. Ich bin jetzt Autor meines eigenen Buches und leite ein Unternehmen mit sechs festen Mitarbeitern. Hätte mir zu Beginn meiner Karriere jemand gesagt, wohin mich mein Weg führen würde und welche Herausforderungen und Probleme auf mich zukommen würden, hätte ich es nicht für möglich gehalten. Diese sieben Jahre waren eine Zeit intensiven Lernens und persönlichen Wachstums. Die Erfahrungen, die ich gesammelt habe, sind wertvoll und ich möchte sie in diesem Kapitel mit dir teilen. Sie sind die Essenz dessen, was mich in meinem unternehmerischen Dasein begleitet und geprägt hat.

Learning 01 – Triff schnelle Entscheidungen!

Ich spreche immer wieder mit Menschen, die genau wissen, was sie wollen, und die perfekten Voraussetzungen mitbringen, um das umzusetzen, was sie sich vorgenommen haben. Dabei sehe ich bei einigen immer wieder ein zentrales Hindernis: die Neigung, Entscheidungen übermäßig zu analysieren und aus Angst vor Fehlern zu zögern. Das wirkt sich schon im Alltag aus, zum Beispiel bei der Essensauswahl im Restaurant oder bei der Suche nach dem richtigen Film für den Kinoabend. Problematischer ist es aber im Geschäftsleben, in dem Entscheidungen über den weiteren Verlauf, den Erfolg und nicht zuletzt auch über den Lauf des Lebens bestimmen. Hier überdenken viele ihre Entscheidungen mehrmals oder müssen sogar eine Nacht darüber schlafen.

Tatsächlich habe ich hier aber eine andere Erfahrung gemacht: Für mich gibt es keine falschen Entscheidungen. Jede Entscheidung führt zu einer Erfahrung, die mich bereichert und mein Leben prägt. Wenn mir die Konsequenzen einer Entscheidung nicht gefallen, treffe ich eine neue Entscheidung, um meinen Kurs zu korrigieren. Das ist wie beim Segeln: Wenn der Wind dreht, richtet man die Segel neu aus, anstatt den Kurs zu ändern.

Ein persönliches Beispiel: Als ich zum ersten Mal meinen Mentor engagierte, der mich 5.000 Euro im Monat kostete, war das für mich eine enorme Investition. Aber ich bin diese Verpflichtung offen eingegangen. Denn ich wusste, dass mich schon eine einzige neue Erkenntnis aus dieser Entscheidung weiterbringen kann, so wie ein einziger Funke ein Feuer entfachen kann. Diese Offenheit war entscheidend.

Die Realität zeigt immer wieder, dass die erfolgreichsten Menschen oft diejenigen sind, die am schnellsten Entscheidungen treffen. Sie kommen schneller zu neuen Erfahrungen und Erkenntnissen, aus denen sie lernen und an denen sie wachsen. Durch schnelles Handeln schaffen sie ständig neue Möglichkeiten für sich und ihre Umgebung. Besonders in einer sich schnell verändernden Welt, in der Gelegenheiten ebenso schnell auftauchen wie verschwinden, ist es entscheidend, flexibel zu bleiben. Zögern kann bedeuten, wertvolle Gelegenheiten zu verpassen.

Schnelle Entscheidungen zu treffen bedeutet dabei jedoch nicht, unüberlegt vorzugehen. Es bedeutet, mit einem klaren Verständnis der eigenen Vision und Ziele zu handeln und bereit zu sein, die Verantwortung für die Ergebnisse dieser Entscheidungen zu übernehmen. Die Fähigkeit, schnelle Entscheidungen zu treffen, resultiert auch aus der Erkenntnis, dass Perfektionismus ein Mythos ist. Es ist besser, schnell zu handeln und eine Entscheidung, wenn nötig, zu korrigieren, als in der Paralyse durch Analyse stecken zu bleiben.

Zusammengefasst: Die Kunst schneller Entscheidungen besteht darin, die Angst vor dem Unbekannten zu überwinden, der eigenen Intuition und den eigenen Fähigkeiten zu vertrauen und jede Erfahrung als Chance auf Wachstum zu begreifen. Wer schnell entscheidet, bleibt dynamisch, passt sich an und lernt kontinuierlich - all das sind Schlüsselelemente für langfristigen Erfolg und persönliche Entwicklung.

Learning 02 – Es gibt keinen gesättigten Zustand!

Ein Fehler, der mich einige Monate oder Jahre an Fortschritt gekostet hat, war der Gedanke »Es läuft bereits bei mir«. Dieser Irrglaube führt oft dazu, dass man sich auf seinen Lorbeeren ausruht und notwendige Innovationen und Verbesserungen übersieht. In der heutigen schnelllebigen Geschäftswelt ist es entscheidend, immer auf dem neuesten Stand zu bleiben und kontinuierlich nach Wegen zu suchen, um effizienter und effektiver zu arbeiten. Der Markt entwickelt sich ständig weiter, und was heute als Spitzenleistung gilt, kann morgen schon längst überholt sein. Daher ist es wichtig, dass man niemals in einen Zustand der Zufriedenheit oder Selbstgefälligkeit verfällt. Stattdessen solltest du stets bestrebt sein, dich weiterzuentwickeln, neue Fähigkeiten zu erlernen und deine Geschäftsstrategien regelmäßig zu überprüfen und anzupassen. Die Bereitschaft, dich kontinuierlich zu verbessern, ist nicht nur ein Schlüssel zum Erfolg, sondern auch ein Schutz gegen das Risiko, von der Konkurrenz überholt zu werden.

Ein Gedanke, der mir geholfen hat, war: »Immer, wenn ich glaube, dass bei mir alles läuft, dann bin ich in meiner Komfortzone, weil ich in meine Probleme hineingewachsen bin.« Dadurch konnte ich mich selbst dazu auffordern, diese Komfortzone zu verlassen und mich den neuen Herausforderungen zu stellen, die für weiteres Wachstum und Erfolg notwendig waren. Es ist wichtig zu erkennen, dass Wachstum oft außerhalb der Komfortzone stattfindet. Indem du dich neuen Herausforderungen stellst, entwickelst du nicht nur neue Fähigkeiten, sondern lernst auch neue Perspektiven kennen, die für Innovation und Anpassungsfähigkeit im Geschäftsleben unerlässlich sind.

Ein weiterer wichtiger Aspekt ist die ständige Überprüfung und Anpassung der eigenen Ziele. Deine Ziele sollten dynamisch sein und sich mit der Entwicklung des Marktes und deiner eigenen Fähigkeiten verändern. Das erfordert regelmäßige Selbstreflexion und eine ehrliche Einschätzung des eigenen Fortschritts. Es ist wichtig, sich sowohl kurz- als auch langfristige Ziele zu setzen, um die Richtung zu bestimmen, und gleichzeitig flexibel genug zu bleiben, um auf Veränderungen reagieren zu können.

Vergiss nie, dass der Weg zum Erfolg nicht geradlinig verläuft. Es wird immer Höhen und Tiefen geben. Wichtig ist, aus Fehlern zu lernen, sich schnell von Rückschlägen zu erholen und die gewonnenen Erkenntnisse für eine kontinuierliche Verbesserung zu nutzen. Die Bereitschaft, sich diesen Herausforderungen zu stellen und daraus zu lernen, führt letztlich zu nachhaltigem Erfolg und Zufriedenheit.

Learning 03 – Sei ein leeres Glas!

In diesem Learning möchte ich dir eine Einsicht vermitteln, die mein Denken und Handeln maßgeblich beeinflusst hat: »Sei ein leeres Glas!« Was bedeutet das? In der heutigen Zeit haben wir Zugang zu einer unerschöpflichen Menge an Wissen aus den unterschiedlichsten Quellen. Es ist leicht, in die Falle zu tappen und zu glauben, wir wüssten schon alles. Ich habe mich selbst dabei ertappt, wie ich dachte »Das weiß ich schon«, nur um dann zu merken, wie ich mich damit mental verschloss, sowohl gegenüber neuen Erfahrungen als auch gegenüber anderen Menschen, von denen ich hätte lernen können.

Diese Haltung zeigt sich besonders zu Beginn der Selbstständigkeit, in einer Phase, in der wir uns eifrig Wissen aneignen. Sie kann aber auch später auftreten, wenn wir einen gewissen finanziellen Erfolg erreicht haben und uns übermächtig fühlen. In beiden Fällen ist es wichtig, offen für

Neues zu bleiben. Oft können wir durch die Perspektive und Erfahrung anderer wertvolle Erkenntnisse gewinnen, die uns in unserem Geschäft deutlich weiterbringen.

Ein persönliches Beispiel von mir ist das Thema Authentizität. Mir war zwar schon lange bewusst, wie wichtig Authentizität ist, aber ich habe sie nicht wirklich verinnerlicht oder gelebt. Ich dachte, ich wäre authentisch und würde das auch ausstrahlen, ohne zu hinterfragen, in welchen Bereichen meines Lebens ich unauthentisch agiere. Das Ergebnis war, dass ich in meinem Marketing teilweise eine Maske trug, die meinen Erfolg behinderte. Erst als ich durch die Erfahrung einer anderen Person zu dieser Erkenntnis gelangte, konnte ich meine Situation neu bewerten, an mir arbeiten und bessere Entscheidungen treffen.

Seitdem bin ich offen für die Erkenntnisse und Perspektiven anderer. Diese Offenheit ermöglicht es mir, mein eigenes Wissen zu erweitern, blinde Flecken zu beseitigen und neue Ideen für mich und mein Leben zu entwickeln. Das Bild des leeren Glases erinnert mich stets daran, dass es immer Platz für Neues gibt, auch wenn wir glauben, schon alles zu wissen. Es geht darum, diese Offenheit zu bewahren und zuzulassen, dass neue Erkenntnisse unser Denken und Handeln bereichern und uns auf unserem Weg weiterbringen.

Learning 04 – Gehe All-in!

Zu Beginn meiner Selbstständigkeit war ich ein noch sehr sicherheitsorientierter Mensch. Ich mochte es nicht, Risiken einzugehen, weil ich Angst hatte, meine Sicherheiten und Standards zu verlieren, die ich mir mühsam erarbeitet hatte. Doch genau diese Angst hielt mich davon ab, schneller neue Erfahrungen zu machen und zu wachsen.

Irgendwann habe ich mich mit folgendem Gedanken auseinandergesetzt: »Was wäre, wenn ich mehr riskieren und All-in gehen würde?« Ich überlegte, dass ich im absoluten und unwahrscheinlichsten Worst Case, wenn ich wirklich alles verlieren würde, einfach komplett von vorn beginnen könnte. Nur mit dem Unterschied, dass ich um einige Erfahrungen reicher wäre und gewisse Dinge anders machen würde. Dieser beruhigende Gedanke zog einen Wandel meiner Sichtweise nach sich: Plötzlich war ich bereit, größere, jedoch kalkulierte Risiken einzugehen. Interessanterweise erreichte ich in den darauffolgenden Jahren nie auch nur annähernd mein Worst-Case-Szenario. Selbst wenn es dazu gekommen wäre, hätte ich es vorgezogen, mit all den Erfahrungen zu scheitern, die ich durch diese riskanten Entscheidungen gewonnen hatte, als gar keine zu machen, weil ich in meiner Komfortzone geblieben wäre. Denn jede Erfahrung, die wir als Mensch sammeln, ermöglicht es uns zu wachsen.

Reinhard K. Sprenger, ein bekannter Autor, formulierte es treffend: »Aus Furcht, zu weit zu gehen, gehen wir oft nicht weit genug.« Dieses Zitat spiegelt die Essenz meines Learnings wider: Es geht darum, über die eigenen Grenzen hinauszugehen und das volle Potenzial zu entfalten. Das bedeutet nicht, unüberlegt zu handeln, sondern vielmehr, sich bewusst zu sein, dass echtes Wachstum und signifikante Fortschritte oft erst durch das Eingehen von Risiken möglich werden. Sich voll und ganz auf eine Sache einzulassen, All-in zu gehen, ist ein kraftvoller Schritt, der nicht nur zu beruflichem Erfolg führen kann, sondern auch zu einer tieferen persönlichen Entwicklung und Erfüllung.

Auf meiner eigenen Reise habe ich festgestellt, dass das All-in-Gehen auch eine Verpflichtung gegenüber mir selbst bedeutet. Es ist ein Versprechen, nicht halbherzig zu agieren, sondern in jede Handlung, jedes Projekt und jede Entscheidung mein ganzes Herz und meine ganze Seele zu legen. Diese Haltung hat mich befähigt, nicht nur als Unternehmer, sondern auch als Mensch zu wachsen. Natürlich birgt das All-in-Gehen Risiken, und es wird Zeiten geben, in denen man scheitert oder Fehler macht. Doch genau diese Momente sind es, die uns prägen und stärken. Sie lehren uns Resilienz und die Kunst, aus Fehlern zu lernen. Jeder Fehltritt und jede Hürde sind Schritte auf dem Weg zur Meisterschaft und zur Verwirklichung unserer Vision.

Letztlich ist das All-in-Gehen eine Lebensphilosophie. Es bedeutet, leidenschaftlich und voller Hingabe zu leben und zu arbeiten, Chancen zu ergreifen, wenn sie sich bieten, und stets bereit zu sein, für das zu kämpfen, was uns wichtig ist. Indem wir All-in gehen, geben wir uns die Freiheit, unser volles Potenzial auszuschöpfen und ein Leben zu führen, das nicht nur erfolgreich, sondern auch erfüllt und sinnstiftend ist.

Learning 05 – Bekomme dein Leben in den Griff!

Während meines Studiums sagte eine Dozentin zu mir: »Herr Ha, wenn Sie Ihren Arbeitsplatz nicht sauber halten können, werden Sie nie etwas Großes in Ihrem Leben erreichen.« Dieser Satz hat mich im ersten Moment wie ein Schlag ins Gesicht getroffen. Aber im Laufe der Zeit begann ich zu verstehen, was sie mit diesem Satz meinte. Daraus entwickelte sich eine zentrale Philosophie, die mein Leben und Handeln leitet: »Wie im Kleinen, so auch im Großen.« Wie willst du große Summen Geld verdienen, wenn du schon mit kleinen Summen nicht klarkommst? Wie willst du ein großes Team führen, wenn du dein eigenes Leben nicht im Griff hast? Die Ordnung in deinem Umfeld spiegelt die Ordnung in deinem Kopf wider. Wenn du in deiner äußeren Umgebung kein System hast, wird es auch in deinem Kopf unordentlich sein.

Beginne also damit, dein Äußeres in Ordnung zu bringen, besonders, wenn du Schwierigkeiten hast, innere Klarheit zu schaffen. Mit der Zeit ist es wichtig, dass du auch deine innere Welt in Ordnung bringst. Das beginnt mit deinem physischen Raum - ein sauberer und organisierter Arbeitsplatz schafft Klarheit und Konzentration. Das wiederum fördert dein inneres Gleichgewicht. Aber es geht nicht nur um Äußerlichkeiten, sondern auch darum, eine Umgebung zu schaffen, die geistige Klarheit und Effektivität fördert. Konzentriere dich also auf deine innere Welt. Konfrontiere dich mit deinen Gedanken, Gefühlen und Verhaltensweisen. Identifiziere mentale und emotionale Blockaden und arbeite daran, sie aufzulösen. Dieser Prozess erfordert Selbstreflexion, manchmal auch professionelle Hilfe und kontinuierliche Selbstverbesserung.

Insgesamt bedeutet dieses Learning, Verantwortung für sein äußeres und inneres Leben zu übernehmen. Die Fähigkeit, die kleinen und großen Herausforderungen des Lebens zu meistern, ist der Schlüssel zu Erfolg und persönlichem Wachstum. Es erfordert Geduld und Ausdauer, aber das Ergebnis ist ein geordneteres, klareres und letztlich erfolgreicheres Leben.

Learning 06 – Datenbasierte vs. intuitive Entscheidungen

Nehmen wir an, du stehst am Steuer eines Schiffes. Die Instrumente an Bord liefern dir genaue Daten: Windrichtung, Geschwindigkeit, Wassertiefe. Diese Daten sind für eine sichere und effiziente Navigation unerlässlich. Doch manchmal gibt es auf See Situationen, in denen du mehr brauchst als Daten. Du brauchst ein Gefühl für die Wellen und den Wind. Eine Intuition, die dir sagt, wann du die Segel anders setzen musst - auch wenn die Instrumente etwas anderes anzeigen. Genau diese Balance zwischen datengestützter Navigation und intuitiver Navigation meine ich, wenn ich von Entscheidungen spreche.

Es gibt viele Menschen, die dazu neigen, ihre Entscheidungen entweder ausschließlich auf Zahlen, Daten und Fakten zu stützen oder sich nur auf ihr Bauchgefühl zu verlassen. Beide Ansätze haben ihre Berechtigung, aber isoliert betrachtet sind sie wie ein Schiff, das entweder nur nach den Instrumenten oder nur nach dem Instinkt des Kapitäns navigiert. Wirkliche Kompetenz zeigt sich jedoch in der Kombination von beidem.

Zahlen und Daten musst du dir wie das Fundament eines Hauses vorstellen. Diese bieten Struktur und Sicherheit. Sonst riskierst du zum Beispiel, ein Projekt zu starten, das völlig an den Bedürfnissen deiner Zielgruppe vorbeigeht - wie ein Architekt, der ein Haus ohne solides Fundament baut. Aber genau wie ein Haus mehr als nur feste Mauern braucht, um ein Zuhause zu sein, brauchen auch Entscheidungen mehr als nur nackte Zahlen.

Deine Intuition ist wie das Dach des Hauses, das es vor Stürmen schützt. Sie basiert auf einer Fülle von Erfahrungen und Wahrnehmungen, die oft unbewusst sind. In meiner eigenen unternehmerischen Laufbahn gab es mehrere Fälle, in denen die Zahlen und Daten perfekt aussahen, wie zum Beispiel bei der Auswahl potenzieller Mitarbeiter. Aber meine Intuition schickte mir Warnsignale. Ich habe diese Gefühle ignoriert und auf Basis der Daten entschieden - später hat sich herausgestellt, dass diese Mitarbeiter dem Unternehmen geschadet haben. Wäre ich meiner Intuition gefolgt, hätte ich diese Fehler vermeiden können.

Das Zusammenspiel von datenbasierten und intuitiven Entscheidungen ist wie ein Tanz. Es erfordert Übung, Finesse und Vertrauen in die eigenen Fähigkeiten, um zu wissen, wann man den nächsten Schritt auf der Grundlage von Fakten und wann auf der Grundlage von Gefühlen macht. Es geht darum, beide Aspekte harmonisch miteinander zu verbinden, sodass sie sich ergänzen und zu einer umfassenderen und ausgewogeneren Entscheidungsfindung führen.

Und wie bei der künstlichen Intelligenz, die viele Menschen als Bedrohung für ihre Arbeitsplätze ansehen, ist es wichtig zu erkennen, dass sowohl die menschliche als auch die maschinelle Intelligenz ihre Stärken hat. Die größten Errungenschaften, die spannendsten Innovationen entstehen oft dort, wo menschliche Intuition auf künstliche Intelligenz trifft. Sie ergänzen sich wie zwei Musiker, die zusammen ein Duett spielen, das keiner von ihnen allein hätte schaffen können.

Deshalb ist es wichtig, sowohl Zahlen, Daten und Fakten als auch Intuition in die Entscheidungsfindung einzubeziehen. Das ermöglicht es dir, auf einem qualitativ hohen Niveau voranzukommen und Lösungen zu finden, die sowohl logisch fundiert als auch menschlich intuitiv sind. Es ist diese Kombination, welche die wahre Meisterschaft in der Entscheidungsfindung ausmacht.

Learning 07 – Halte dein Wort und tue es sofort!

Die Kunst, das eigene Wort zu halten, ist mehr als eine Geschäftspraxis - es ist eine Lebensphilosophie. In der Welt der Geschäfte wie im Leben ist Integrität eine Währung von unschätzbarem Wert. Sie bedeutet, Zusagen nicht nur zu machen, sondern sie auch konsequent zu erfüllen. Das ist kein Konzept, das man sich einmal aneignet und dann meistert. Es erfordert eine lebenslange Praxis der Selbstverpflichtung und Selbstprüfung.

In meiner eigenen Entwicklung spielte die Erkenntnis, wie häufig ich unbewusst mein Wort brach, eine entscheidende Rolle, und zwar auch schon bei den scheinbar kleinsten Dingen. Ein typisches Beispiel: Ich versprach jemandem, mich bis 20 Uhr zu melden, tat es aber erst viel später oder gar erst am nächsten Tag. Solche Brüche, so klein sie auch erscheinen mögen, erodieren das Vertrauen, das andere in meine Zuverlässigkeit und meine Integrität setzen. Um diesen Tendenzen entgegenzuwirken, habe ich eine klare Strategie entwickelt. Jedes Mal, wenn ich eine Zusage mache, notiere ich diese sofort. Ich setze mir klare Fristen und Prioritäten, um sicherzustellen, dass ich meinen Versprechen nachkomme. Dieser Ansatz hat nicht nur mein berufliches Leben verändert, sondern auch meine persönlichen Beziehungen gestärkt. Mein Umfeld weiß nun, dass sie sich auf mein Wort verlassen können, was das Vertrauen in mich und meine Fähigkeiten enorm gestärkt hat.

Diese Praxis erstreckt sich auch auf meine Interaktionen mit Dienstleistern und Partnern. Wenn ich mich entscheide, mit jemandem zusammenzuarbeiten, gebe ich mein Wort und stehe dazu. Ich vermeide jegliches Zögern oder Unentschlossenheit. Dieser Ansatz hat mir geholfen, Zeit und Ressourcen zu sparen, da ich klare, schnelle Entscheidungen treffe. Er hat auch dazu beigetragen, meine Glaubwürdigkeit und Verlässlichkeit zu stärken. Hinter dieser Praxis steht eine tief verwurzelte Überzeugung: Ich möchte nichts in meinem Leben bereuen. Ich habe gelernt, dass es immer besser ist, Probleme und Herausforderungen sofort anzugehen, anstatt sie aufzuschieben. Indem ich mein Wort halte und proaktiv handle, vermeide ich das Gefühl des Bedauerns und der Unzufriedenheit, das oft mit unerledigten Versprechen einhergeht.

Zusammenfassend kann ich sagen: Wesentliche Bestandteile meines Erfolgs sind, dass ich mein Wort halte und sofort handle. Sie schaffen eine solide Grundlage des Vertrauens und der Zuverlässigkeit, sowohl in geschäftlichen als auch in persönlichen Beziehungen. Diese Praxis ist ein kontinuierlicher Prozess, der Disziplin, Selbstbewusstsein und eine tiefe Verpflichtung gegenüber meinen eigenen Werten und Prinzipien erfordert. Es ist diese konsequente Haltung, die es mir ermöglicht, ein erfülltes und erfolgreiches Leben zu führen.

Learning 08 – Geld kommt und geht

Im Laufe meiner unternehmerischen Karriere habe ich eine entscheidende Lektion gelernt: Geld ist flüchtig, aber die richtige Investition kann langfristige Auswirkungen haben. Oft stand ich vor der schwierigen Entscheidung, ob und wie ich in mein Unternehmen investieren sollte, insbesondere wenn es um beträchtliche Summen ging. Bei diesen Überlegungen ging es nicht um das willkürliche Ausgeben von Geld, sondern um das bewusste und sinnvolle Investieren und Reinvestieren in Bereiche, die wirklich einen Unterschied machen können.

Ein Schlüsselgedanke, der mir bei diesen Entscheidungen geholfen hat, war die Einsicht, dass eine einzelne Erkenntnis oder Entscheidung mein Leben fundamental verändern kann. Wir alle kennen diese entscheidenden Momente in unserem Leben, in denen eine zufällige Entscheidung, wie das Ansprechen einer bestimmten Person, zu tiefgreifenden Veränderungen führt. Solche Begegnungen können zu wichtigen Freundschaften oder geschäftlichen Partnerschaften werden, die einen erheblichen Einfluss auf unseren Lebensweg haben.

Die Macht dieser Entscheidungen wird besonders deutlich, wenn wir uns vergegenwärtigen, wie anders unser Leben hätte verlaufen können, wenn wir uns in der Vergangenheit anders entschieden hätten. Eine andere Schule, ein anderer Beruf, ein anderer Wohnort - jede dieser Entscheidungen hätte uns an einen völlig anderen Ort in unserem Leben geführt. Es sind diese scheinbar kleinen, doch entscheidenden Momente, die das Potenzial haben, unseren gesamten Lebensweg zu verändern. Dieses Bewusstsein hat mich dazu bewegt, bewusst in Bildung und persönliche Entwicklung zu investieren.

Durch diesen Ansatz habe ich in Coachings, Seminare und Kurse investiert, die mein Wissen und meine Fähigkeiten erweiterten. Zwar ist das Geld in diesen Momenten vom Konto verschwunden, aber die Erkenntnisse und die Entwicklung, die daraus resultierten, waren unbezahlbar. Diese Investitionen sind nicht immer sofort in ihrer Tragweite erkennbar, aber sie tragen langfristig zu meinem Erfolg und Wachstum bei.

Deshalb empfehle ich dir, dich auf verschiedene Erfahrungen in deiner Selbstständigkeit einzulassen und zu sehen, wohin sie dich führen. Es ist wichtig, genau zu überlegen, ob eine bestimmte Investition oder Entscheidung in deiner aktuellen Situation sinnvoll ist. Aber wenn dir eine Chance richtig erscheint, solltest du den Mut haben, sie zu ergreifen. Oft führt sie zu neuen Bekanntschaften, Einsichten oder Denkweisen, die das eigene Unternehmen und das persönliche Leben revolutionieren können.

In meinem Leben und meiner Karriere habe ich gesehen, dass Geld tatsächlich kommt und geht, aber die wahren Gewinne liegen in den Erfahrungen und Erkenntnissen, die durch kluge Investitionen erworben werden. Diese Lektionen bilden die Grundlage für anhaltenden Erfolg und eine fortwährende persönliche Entwicklung.

Learning 09 – Die zwei Arten von Menschen im Leben

Auf meiner Reise als Unternehmer und als Mensch habe ich eine grundlegende Weisheit entdeckt: Jeder Mensch, der in unser Leben tritt, ist entweder ein Geschenk oder eine Lektion. Diese Erkenntnis ist nicht nur ein Leitfaden für persönliche Beziehungen, sondern auch ein Schlüsselprinzip in der Geschäftswelt.

Es gibt Menschen, die in unser Leben treten und bleiben. Sie sind wie Geschenke, die uns das Universum macht. Diese Menschen bereichern unser Leben auf vielfältige Weise. Sie können Freunde, Mentoren, Partner oder Mitarbeiter sein, die uns unterstützen, inspirieren und mit denen wir Werte und Visionen teilen. Ihr ständiger Einfluss ist eine Quelle der Stärke und des Wachstums. Sie helfen uns, unsere Ziele zu erreichen, und sind oft die treibende Kraft hinter unserem Erfolg. Mit ihnen bauen wir Beziehungen auf, die auf Vertrauen, Respekt und gegenseitiger Unterstützung basieren. Diese Menschen sind das Fundament, auf dem wir unser geschäftliches und privates Leben aufbauen.

Dann gibt es jene Menschen, die nur für eine bestimmte Zeit in unserem Leben sind. Ihre Rolle ist es, uns bestimmte Lektionen zu lehren. Diese Begegnungen können herausfordernd und manchmal schmerzhaft sein, aber sie sind entscheidend für unser persönliches Wachstum. Es können schwierige Kunden, herausfordernde Mitarbeiter oder sogar Wettbewerber sein, die uns zwingen, über unsere Grenzen hinauszugehen und neue Fähigkeiten zu entwickeln. Sie spiegeln oft unsere eigenen Schwächen und blinden Flecke wider und zwingen uns, uns diesen zu stellen. Ihr Einfluss ist vielleicht nicht immer angenehm, aber er ist notwendig, um zu lernen, zu wachsen und uns zu verbessern. Diese Menschen lehren uns wichtige Lektionen über Geduld, Ausdauer, Flexibilität und die Kunst, mit Widrigkeiten umzugehen.

Die Menschen, die uns besonders triggern, sind oft Spiegel, die uns Aspekte von uns selbst zeigen, die wir vielleicht nicht wahrhaben wollen. Sie konfrontieren uns mit unseren eigenen Grenzen, Unsicherheiten oder ungelösten Problemen. Es sind diese Begegnungen, die uns aufzeigen, wo wir in unserem Business oder Privatleben weiter Grenzen setzen dürfen. Sie lehren uns, wie wichtig es ist, klare Grenzen zu ziehen und uns selbst treu zu bleiben. Diese Lektionen sind besonders im geschäftlichen Kontext von Bedeutung, wo klare Grenzen und eine starke Selbstwahrnehmung entscheidend für langfristigen Erfolg und persönliche Integrität sind.

Ich habe auf meiner eigenen Reise erlebt, wie solche Begegnungen mich herausgefordert haben, tiefer in mein Selbstverständnis einzutauchen. Sie haben mich gelehrt, meine Werte, Ziele und Prioritäten zu überprüfen und anzupassen. Es sind diese Momente, die mich gelehrt haben, mutiger zu sein in der Art, wie ich kommuniziere, wie ich Entscheidungen treffe und wie ich meine Geschäftsbeziehungen gestalte. Diese Menschen haben mir gezeigt, wo ich mehr Verantwortung übernehmen muss und wo ich mehr Mitgefühl und Verständnis zeigen sollte.

Gleichzeitig sind diese Lektionen nicht nur Herausforderungen, sondern auch Gelegenheiten zum Wachstum. Sie ermöglichen es uns, unsere Schwächen in Stärken umzuwandeln und ein tieferes Verständnis für uns selbst und andere zu entwickeln. Jede dieser Begegnungen ist eine Chance zu lernen, wie man besser navigiert, sowohl in geschäftlichen als auch in persönlichen Beziehungen.

Insgesamt sind es diese Menschen, die uns triggern, die uns die wertvollsten Lektionen beibringen. Sie lehren uns, unsere eigenen Grenzen zu erkennen und zu respektieren, und sie helfen uns, ein tieferes Verständnis für das menschliche Verhalten zu entwickeln. Indem wir lernen, diese Begegnungen als Lernmöglichkeiten zu sehen, können wir uns weiterentwickeln und sowohl in unserem privaten als auch in unserem beruflichen Leben erfolgreicher werden. Es ist diese Bereitschaft, von jedem Menschen in unserem Leben zu lernen, die uns wachsen lässt und uns zu besseren Unternehmern und Menschen macht.

Learning 10 – Die Fusion von Mindset und Strategie

In unserem dualen Universum, in dem jede Seite ihre Gegenseite hat, besteht eine kontinuierliche Debatte zwischen zwei Lagern: den Mindset-Coaches, die behaupten, dass das Mindset alles sei, und den Skeptikern, die nur Zahlen, Daten und Fakten als relevant erachten. Die Wahrheit liegt jedoch in der Mitte, denn im Business wie im Leben benötigen wir eine harmonische Fusion von beidem - Mindset und Strategie.

Die Natur bietet uns ein anschauliches Beispiel für diesen dualen Prozess. Ein Samen, der in die Erde gepflanzt wird, durchläuft einen langwierigen Prozess, um zu einem starken Baum heranzuwachsen, der Früchte trägt. Das geschieht nicht über Nacht, sondern erfordert Zeit, Pflege und die richtigen Bedingungen. Genauso verhält es sich im Geschäftsleben. Für jedes neue Umsatzlevel braucht es zwei parallele Wachstumsprozesse: den strategischen bzw. unternehmerischen Prozess und den mentalen Prozess. Die Vernachlässigung eines dieser Aspekte führt zu unausgeglichenem und nachhaltig nicht haltbarem Wachstum.

Der strategische Wachstumsprozess umfasst Planung, Organisation, Umsetzung und Analyse. Dieser Prozess ist messbar, konkret und greifbar. Es ist der Prozess, der oft im Mittelpunkt steht, wenn es um Unternehmenswachstum geht. Jedoch, wenn dieser Prozess isoliert betrachtet wird, ohne die mentale Komponente, kann der Erfolg nicht nachhaltig sein. Strategien können kopiert werden, aber das, was ein Unternehmen wirklich einzigartig macht, ist das dahinterstehende Mindset.

Dieser mentale Prozess ist ebenso entscheidend. Er beinhaltet unsere Einstellungen, Überzeugungen und Werte. Er beeinflusst, wie wir Herausforderungen begegnen, wie wir Innovationen treiben und wie wir mit Veränderungen umgehen. Ein starkes, positives und flexibles Mindset ermöglicht es uns, über unsere Grenzen hinauszugehen und echte Durchbrüche zu erzielen. Fokussieren wir uns jedoch ausschließlich auf das Mindset, ohne eine solide strategische Grundlage, können wir unser volles Potenzial nicht ausschöpfen und lassen Chancen ungenutzt.

Die wahre Kunst im Business liegt daher in der Fähigkeit, diese beiden Prozesse zu integrieren. Ein starkes Mindset bildet die Grundlage, auf der strategische Entscheidungen getroffen werden. Es ermöglicht uns, Risiken einzugehen, kreativ zu denken und neue Wege zu beschreiten. Gleichzeitig sorgt eine fundierte Strategie dafür, dass diese Ideen umgesetzt werden und zu greifbaren Ergebnissen führen.

Um in der dynamischen Welt des Geschäfts erfolgreich zu sein, müssen wir daher lernen, sowohl unser Mindset als auch unsere Strategien kontinuierlich zu entwickeln und anzupassen. Die Fusion von Mindset und Strategie ist der Schlüssel zu nachhaltigem Wachstum und Erfolg. Es geht darum, die Stärke und Flexibilität des Geistes mit der Genauigkeit und Effizienz strategischer Planung zu kombinieren. Diese Balance ist nicht immer leicht zu finden, aber sie ist es, die wahre Unternehmensführer von den anderen unterscheidet.

Learning 11 – Finde Lösungen statt Probleme!

Das Zitat »Ein Verlierer ist immer Teil des Problems und ein Gewinner ist immer Teil der Lösung« fängt eine essenzielle Wahrheit ein, die sowohl im Geschäftsleben als auch im pri-

vaten Alltag von unschätzbarem Wert ist. Diese Philosophie dreht sich um einen fundamentalen Paradigmenwechsel: Statt sich auf Probleme zu fixieren, sollten wir uns auf Lösungen konzentrieren. Dieser Ansatz ist nicht nur effektiver, sondern fördert auch Proaktivität und Eigenverantwortung.
In meinem Unternehmen habe ich diese Philosophie zu einem zentralen Bestandteil unserer Kultur gemacht. Jeder Mitarbeiter, der mit einem Problem zu mir kommt, muss mindestens zwei bis drei Lösungsvorschläge präsentieren. Das hat mehrere Vorteile: Erstens fördert es ein tiefes Verständnis für das Problem, da man sich intensiv damit auseinandersetzen muss, um praktikable Lösungen zu entwickeln. Zweitens ermutigt es die Mitarbeiter, kreativ zu denken und über den Tellerrand hinauszuschauen. Drittens verlagert es den Fokus von der Problemstellung auf mögliche Lösungswege und verhindert eine Kultur des Beschwerens und der Schuldzuweisung.

Diese lösungsorientierte Denkweise ist auch im Privatleben entscheidend. Nehmen wir das alltägliche Beispiel des Sports. Viele Menschen haben Schwierigkeiten, regelmäßig zu trainieren, und finden häufig Ausreden. Die lösungsorientierte Denkweise erfordert hier eine Umkehrung der Perspektive: Statt zu fragen, warum es nicht klappt, sollte man sich fragen, wie es klappen kann. Das könnte bedeuten, einen genauen Zeitplan zu erstellen, sportliche Aktivitäten mit Freunden zu planen oder sich für einen Wettkampf anzumelden, um die Motivation zu erhöhen.

Auch bei persönlichen Herausforderungen wie Selbstzweifeln ist diese Herangehensweise nützlich. Anstatt in Selbstkritik zu versinken, sollte man sich fragen, was konkret getan werden kann, um selbstbewusster zu werden. Vielleicht ist es der Besuch eines Seminars zur Persönlichkeitsentwicklung, das Lesen inspirierender Literatur oder das Aufsuchen eines Coaches.

Diese lösungsorientierte Haltung erfordert oft eine Abkehr von tief verwurzelten Denkmustern. Es geht darum, die automatische Reaktion, Probleme zu beklagen oder zu ignorieren, zu unterbrechen und stattdessen aktiv nach Wegen zu suchen, um die Situation zu verbessern. Das kann anfangs herausfordernd sein, aber mit Übung wird es zu einer zweiten Natur.

Das Schöne an dieser Philosophie ist, dass sie nicht nur auf individueller Ebene wirkt, sondern auch Teams und ganze Organisationen transformieren kann. In einem Umfeld, in dem jeder aktiv nach Lösungen sucht, entsteht eine dynamische, positive Atmosphäre, die Innovation und Fortschritt fördert. Das führt zu besseren Ergebnissen, höherer Mitarbeiterzufriedenheit und letztlich zu einem stärkeren, erfolgreicheren Unternehmen.

Zusammenfassend lässt sich sagen, dass die Fokussierung auf Lösungen statt Probleme ein Schlüssel zu persönlichem und beruflichem Erfolg ist. Diese Denkweise ermöglicht es uns, Herausforderungen aktiv anzugehen, kreativ zu denken und letztendlich Lösungen zu finden, die uns vorwärtsbringen. Indem wir diese Einstellung verinnerlichen und in unserem täglichen Handeln umsetzen, können wir unser volles Potenzial entfalten und sowohl im Beruf als auch im Privatleben Erfolg haben.

Learning 12 – Früher ist besser als später

Das Prinzip »Früher ist besser als später« ist nicht nur auf den mental-emotionalen Bereich beschränkt, sondern gilt universell für alle Lebensbereiche. Die Anwendung dieser Philosophie in verschiedenen Bereichen des Lebens - sei es im Beruf, in der persönlichen Entwicklung, in Beziehungen oder im Gesundheitsbereich - kann transformative Auswirkungen haben.

Im beruflichen Kontext bedeutet dieses Prinzip, Herausforderungen und Aufgaben nicht aufzuschieben, sondern proaktiv anzugehen. Das kann sich auf das rechtzeitige Lösen von betrieblichen Problemen, das schnelle Umsetzen von Innovationen oder die rasche Anpassung an Marktveränderungen beziehen. Dieses Vorgehen ermöglicht es, Wettbewerbsvorteile zu erlangen und Geschäftschancen zu maximieren.

In Beziehungen kann das Prinzip bedeuten, Konflikte und Missverständnisse umgehend anzusprechen, statt sie eskalieren zu lassen. Eine prompte Kommunikation und Konfliktlösung stärkt die Beziehung und verhindert langfristigen Schaden.

Im Gesundheitsbereich ist es gleichermaßen wichtig, frühzeitig auf die eigene Gesundheit zu achten. Das kann bedeuten, regelmäßig Sport zu treiben, sich gesund zu ernähren oder gesundheitliche Probleme sofort medizinisch abklären zu lassen. Ein proaktiver Ansatz in der Gesundheitsvorsorge kann schwerwiegende Erkrankungen verhindern und die Lebensqualität steigern.

In der persönlichen Entwicklung geht es darum, Lern- und Wachstumschancen sofort zu ergreifen, anstatt sie auf die lange Bank zu schieben. Das beinhaltet das Annehmen neuer Herausforderungen, das Erlernen neuer Fähigkeiten oder das Überwinden von Ängsten und Unsicherheiten. Indem man frühzeitig handelt, vermeidet man Stagnation und fördert kontinuierliches Wachstum.

Meine persönliche Erfahrung spiegelt diese Tendenz wider. Einer meiner Hauptbereiche, mit denen ich mich auseinandersetzen musste, war das Thema Selbstliebe und Selbstwert. Als ich 2012 begann, mich intensiver mit meiner persönlichen Entwicklung zu beschäftigen, litt ich unter einem massiven Mangel an Selbstwertgefühl. Selbst als ich 2017 erste Erfolge in meiner Selbstständigkeit verzeichnete, war dieses Thema noch immer präsent und ungelöst. Ich hatte mich zu lange mit unwichtigen Dingen beschäftigt - viel Wissen angehäuft, aber keine wirkliche Transformation erfahren.

Oft wurde ich von Kollegen, die ebenfalls an ihrem Business arbeiteten, gefragt: »Duc, warum beschäftigst du dich so intensiv mit Persönlichkeitsentwicklung? Mach doch einfach!« Sie verstanden nicht, warum ich so viel Energie und Zeit in meine eigene Entwicklung investierte, anstatt mich auf strategische Aspekte zu konzentrieren. Aber diese Fokussierung auf meine persönliche Entwicklung hat es mir ermöglicht, ein solides Fundament aufzubauen. Mit der Zeit konnte ich die Kollegen, die anfangs einen großen Vorsprung hatten, einholen und sogar überholen. Viele von ihnen haben heute keine Selbstständigkeit mehr, weil sie mental und emotional nicht mit der Last und Verantwortung umgehen konnten.

Das Bewusstsein, dass das mental-emotionale Feld eine große Baustelle für mich war, zwang mich dazu, diese Probleme so zeitnah wie möglich anzugehen. Ich wollte mir im Business nicht unnötig im Weg stehen. Der Weg zum Erfolg ist bereits herausfordernd genug - warum sollte ich es mir noch schwerer machen, indem ich meinen Kopf gegen mich arbeiten lasse?

Die Mentalität, Probleme sofort anzupacken und zu lösen, hat mir enorm geholfen, schneller voranzukommen und Aufgaben nicht aufzuschieben. Es ist eine Lebenseinstellung, die mich weit gebracht hat. Diese Herangehensweise bedeutet nicht nur, effizienter und zielgerichteter zu arbeiten, sondern auch, sich nicht von eigenen Ängsten und Unsicherheiten lähmen zu lassen. Sie fördert die Entwicklung einer inneren Stärke und Resilienz, die für langfristigen Erfolg entscheidend sind.
Das Prinzip »Früher ist besser als später« ermutigt uns dazu,

Verantwortung für unser Leben zu übernehmen und in allen Bereichen aktiv zu sein. Es geht darum, die Kontrolle zu behalten und nicht von Umständen oder Verzögerungen beherrscht zu werden. Diese Einstellung fördert nicht nur Erfolg und Zufriedenheit, sondern auch ein Gefühl der Selbstwirksamkeit. Indem man lernt, in verschiedenen Lebensbereichen proaktiv zu sein, baut man eine grundlegende Lebenskompetenz auf, die zu Erfüllung und Erfolg führt.

Fazit zu allen Learnings

Meine siebenjährige Reise in die Welt der Selbstständigkeit hat mir eine Fülle an Erkenntnissen beschert, die weit über das hinausgehen, was ich in diesem Kapitel darlegen konnte. Jedes einzelne dieser Learnings, aus einer unzähligen Menge gewonnen, ist ein Mosaikstein in dem umfassenden Bild meines unternehmerischen und persönlichen Wachstums. Sie repräsentieren nicht nur die Vielfältigkeit und Komplexität der Selbstständigkeit, sondern erinnern mich auch daran, dass mein Lernprozess niemals abgeschlossen ist. Es ist eine fortwährende Reise, bei der ich immer wieder Neues entdecken und in meinen Wissensschatz integrieren darf.

Die hier geteilten Erkenntnisse sind für mich von tiefgreifender Bedeutung. Sie spiegeln jene Momente wider, die mich maßgeblich geprägt und mich in meiner unternehmerischen Laufbahn entscheidend vorangebracht haben. Jedes Learning ist ein Zeugnis der Überwindung von Herausforderungen, der Anpassungsfähigkeit und der persönlichen Reifung. Sie sind nicht nur Meilensteine auf meinem Weg zum Erfolg, sondern auch Schlüsselmomente, die zu meinem persönlichen Glück und meiner Erfüllung beigetragen haben.

Diese Learnings verdeutlichen, dass der Weg zur Selbstständigkeit weit mehr ist als das Erreichen von finanziellen Zielen oder Geschäftserfolgen. Es ist ein tiefgreifender Prozess des persönlichen Wachstums, bei dem jede Entscheidung, jede Herausforderung und jede Veränderung zur eigenen Entwicklung beiträgt. Die Einsicht, dass schnelle Entscheidungen, die kontinuierliche Suche nach Verbesserung, das Verlassen der eigenen Komfortzone, die Akzeptanz der eigenen Unvollkommenheit, die Harmonisierung von Mindset und Strategie, die Fähigkeit, Lösungen anstelle von Problemen zu sehen, und die Wichtigkeit, das eigene Wort zu halten, sind Beispiele dafür, wie vielschichtig der Prozess der Selbstfindung und -entwicklung ist.

Jedes dieser Learnings hat einen direkten Einfluss auf meinen beruflichen Weg gehabt, sei es durch die Verbesserung meiner Führungsqualitäten, die Optimierung meiner Geschäftsstrategien oder die Vertiefung meiner Kundenbeziehungen. Aber noch wichtiger ist, dass sie mich als Mensch geformt und mir geholfen haben, ein ausgeglicheneres, zufriedeneres und erfüllteres Leben zu führen. Sie haben mich gelehrt, über meine Grenzen hinauszugehen, meine Ängste zu überwinden und mein volles Potenzial auszuschöpfen.

Abschließend möchte ich betonen, dass diese Learnings weit mehr als bloße Geschäftslektionen sind. Sie sind Lebenslektionen, die zeigen, wie eng beruflicher Erfolg und persönliches Wachstum miteinander verknüpft sind. Der Schlüssel zu einem erfolgreichen und erfüllten Leben liegt nicht nur in der kontinuierlichen Entwicklung unserer beruflichen Fähigkeiten, sondern auch in der stetigen Pflege unseres inneren Selbst. Der Prozess des Lernens und Wachsens ist unendlich, und jede neue Herausforderung bringt neue Erkenntnisse und Chancen mit sich. Diese Bereitschaft, kontinuierlich zu lernen und sich zu entwickeln, ist es, die letztendlich den Weg zu einem erfolgreichen und erfüllten Leben ebnet.

DEINE NÄCHSTEN SCHRITTE AUF DIESER ABENTEUERREISE

Mit dem Abschluss dieses Buches, »Skalieren statt verlieren – Das Geheimnis für produktives Zeitmanagement und unerschütterliche Motivation in deiner Selbstständigkeit«, hast du den ersten entscheidenden Schritt auf deiner abenteuerlichen Reise in die Welt der Selbstständigkeit getan. Die vielfältigen Eindrücke, Learnings und Impulse, basierend auf meinen persönlichen Erfahrungen und denen aus der Zusammenarbeit mit meinen Kunden, bieten dir ein solides Fundament für deinen weiteren Weg. Ich habe dir gezeigt, was für dein unternehmerisches Wachstum essenziell ist, was die größten Hindernisse und Gefahren sind, die dich von deinen Zielen abhalten könnten, und welche konkreten, zielgerichteten Strategien dich in deinem unternehmerischen Dasein voranbringen.

Jetzt, wo du am Ende des Buches angelangt bist, magst du vielleicht mehr Fragen haben als zu Beginn. Das ist ein positives Zeichen! Es zeigt, dass dein Gehirn aktiv ist und neue Denkweisen etablieren möchte, um dich auf deinem unternehmerischen Weg weiter voranzubringen. Aber was ist der nächste Schritt? Bedenke, dass du bisher nur einen kleinen Teil dieser umfassenden Reise zurückgelegt hast und es noch viele Herausforderungen und spannende Erfahrungen zu meistern gilt.

Mit dem Lesen dieses Buches ist es so, als hättest du die eine Schatzkarte gefunden und in die Hand genommen. Zudem hast du auch die ersten Vorbereitungen für deine unternehmerische Reise getroffen. Doch die eigentliche Reise beginnt erst jetzt! Es geht darum, das Gelernte umzusetzen, blinde Flecke aufzudecken, dich kontinuierlich zu reflektieren und dich deinen eigenen Schatten zu stellen. Nur so kannst du sowohl strategisch als auch persönlich wachsen. Doch auf dieser Reise kann man schnell die Orientierung verlieren oder unsicher sein, welche Schritte als Nächstes sinnvoll sind.

Hier kommen mein Team und ich ins Spiel - wir sind deine Guides auf dieser Abenteuerreise. Dabei haben wir uns darauf spezialisiert, ambitionierte Selbstständige und Unternehmer wie dich zu unterstützen und voranzubringen - unabhängig davon, ob du noch den Sprung in die Selbstständigkeit vor dir hast, bereits ein etabliertes Business führst oder auf dem Weg bist, dein Unternehmen zu skalieren. Für die verschiedenen Stadien deines Business bieten wir angepasste Strategien und Methoden an, die dich sicher und zuverlässig zu einem genussvoll produktiven Leben führen, das du dir erträumt hast.

Ich lade dich daher ein, die Chance zu nutzen und ein kostenloses Erstgespräch unter **theoutperformer.de** zu buchen. In diesem Gespräch beantworten wir all deine Fragen und tauchen noch tiefer in die Materie ein. Wenn du aus diesem Buch bereits spannende Erkenntnisse gewonnen hast, warte ab, was dieses Gespräch für dich bereithält! Wir werden Themen ansprechen, die dir möglicherweise neu sind, aber einen erheblichen Mehrwert für dich und dein Business bieten.

Auf unserer Website findest du auch Fallstudien und Kundenergebnisse, die das Potenzial dieses Gesprächs verdeutlichen und zeigen, wie es dein Leben im Sinne von mehr Freiheit und Selbstbestimmung verändern kann. Nutze also diese Gelegenheit, um den nächsten Schritt auf deiner unternehmerischen Reise zu gehen. Dein Abenteuer hat gerade erst begonnen, und wir sind hier, um dich auf diesem Weg zu begleiten und zu unterstützen.

Außerdem möchte ich mich herzlich bei dir bedanken, dass du mir und diesem Buch dein Vertrauen geschenkt hast. Deine Bereitschaft, dich auf dieses Abenteuer einzulassen, und die Zeit, die du investiert hast, um »Skalieren statt verlieren« zu lesen, ist ein bedeutender Schritt in deinem unternehmerischen Werdegang.

Dieses Buch ist nicht nur ein Medium für wertvolle Erkenntnisse, sondern auch ein Zeugnis deines Engagements und deiner Bereitschaft, dich weiterzuentwickeln und zu wachsen. Ich hoffe aufrichtig, dass die Inhalte und Strategien, die dieses Buch beinhaltet, dir wertvolle Impulse und Anregungen für deinen weiteren Weg geben konnten.

Um dich weiterhin auf deinem Weg zu unterstützen und dir zusätzliche Ressourcen und Inspirationen zu bieten, möchte ich dich einladen, meinen YouTube-Kanal oder Podcast zu besuchen. Dort findest du eine Vielzahl von weiterführenden Inhalten, die deine Reise in die Selbstständigkeit bereichern und dir helfen werden, die Herausforderungen und Chancen, die vor dir liegen, zu meistern. Alle Links zu meinen Kanälen und weiteren Ressourcen findest du unter **theoutperformer.de/links.**

theoutperformer.de/links

Nochmals vielen Dank für dein Vertrauen und deine Zeit. Es ist meine aufrichtige Hoffnung, dass dieses Buch und die zusätzlichen Ressourcen, die ich anbiete, dich in deinem Streben nach Erfolg, Wachstum und persönlicher Erfüllung unterstützen werden. Denk daran, dass dein Abenteuer gerade erst begonnen hat und ich mich darauf freue, dich auf diesem Weg zu begleiten und zu unterstützen.

Auf eine erfolgreiche und erfüllte Zukunft in deiner Selbstständigkeit!

ÜBER DEN AUTOR

Duc Ha, Business Coach (IHK) und Gründer der Hunting Phoenix GmbH, ist nicht nur ein scharfer Analyst, sondern auch ein inspirierender Mentor, der schon über 100 Selbstständige und Unternehmer zu neuen Höhen geführt hat. Durch seine präzise und systematische Vorgehensweise hat er vielen Geschäftsleuten geholfen, ihr volles Potenzial auszuschöpfen, ihren Umsatz zu steigern und dabei ihre Lebensbalance zu wahren.

Geboren und aufgewachsen in einer Welt, die sich immer rascher verändert, hat Duc Ha die Herausforderungen des Wandels stets als Chance begriffen: Er erkannte früh, dass der Schlüssel zum Erfolg nicht darin liegt, sich dem Wandel zu widersetzen, sondern ihn zu umarmen und als Katalysator für Innovation und Fortschritt zu nutzen.

Seine eigene unternehmerische Reise begann nicht in einem Elfenbeinturm, sondern auf dem harten Pflaster der Wirtschaft, wo enormer Wettbewerb, Marktveränderungen und Technologiefortschritt die Spielregeln ständig verändern. Hier erkannte Duc Ha, dass viele aufsteigende Selbstständige und Unternehmer unter diesem enormen Druck leiden und dass es seine Berufung war, sie zu mehr unternehmerischem Erfolg zu führen, ohne dass sie dabei ausbrennen oder andere Lebensbereiche vernachlässigen.

In einer Welt, die nach immer schnelleren, besseren und umfangreicheren Leistungen verlangt, erkannte Duc Ha, dass sehr viele Selbstständige, Unternehmer und Geschäftsführer unter Ängsten, Bedenken und Zweifeln leiden, die ihre Fähigkeit für bessere Entscheidungen und schnelleren Fortschritt beeinträchtigen. Er verstand, dass diese Herausforderungen nicht aus mangelnder Ambition oder Talenten entstehen, sondern aus einem Zustand der Erschöpfung und Unsicherheit.

So gründete er die Hunting Phoenix GmbH, ein Unternehmen, das Selbstständige und Unternehmer unterstützt, den Druck des Wettbewerbs zu überwinden und ihre Ziele mit Klarheit, Fokus und Selbstvertrauen zu verfolgen. Duc Ha entwickelte maßgeschneiderte Trainings, die auf die Bedürfnisse jedes Einzelnen zugeschnitten sind. Sein Ansatz kombiniert strategische Planung, Leistungssteigerung und persönliches Wohlbefinden, um ein ausgewogenes, genussvolles und erfolgreiches Geschäft zu gewährleisten.

Duc Ha ist nicht nur Business Coach, sondern ein Leuchtturm in einer stürmischen See, der denjenigen den Weg weist, die das Gefühl haben, dass sie zu viel mehr fähig sind. Sein Engagement, seine Empathie und sein unerschütterlicher Glaube an das menschliche Potenzial machen ihn zu einer herausragenden Persönlichkeit in der Welt aller Geschäftsleute.